FOOD

JAPAN

日日健康
低卡甘糀

常常生活文創

讓甘糀豐富飲食生活

　　我很高興聽說《日日健康　低卡甘糀》即將出版的消息。這本書應該是「台灣第一本『甘糀』的解說書。」由甘糀輝煌的現今，談及甘酒的歷史、製作方式、飲用方法與其他的應用等豐富內容，即使不知道甘糀，沒有相關知識的人也能夠輕易地理解，並且其中也有豐富的甘酒應用於飲料、料理介紹，我期待台灣的讀者能透過這本書開始了解「甘糀」並且親近它。

　　八海山是日本酒的柄銘，僅管在台灣具有一定的知名度，如書中所提及：日本酒與甘糀都是以透過「麴」用傳統手法培育的釀造物、食品，日本酒與甘糀有著千絲萬縷無法切割的關係。八海山以經年累月的在釀造日本酒的技術中磨練與蓄積經驗，再以此為基礎投入到製作甘糀之中，目前，所製作的「甘糀あまさけ」也開始在台灣銷售了。

　　日本酒、甘糀與其他發酵食品都是日本飲食文化中不可或缺的一部分，日本的飲食文化因為「麴」的力量而顯得生氣蓬勃，希望以這本《日日健康　低卡甘糀》做為契機，讓台灣的消費者們能夠開始了解甘糀，感到親近，在料理與飲料上活用甘糀，讓生活中的飲食更加豐富、健康，我深切的期盼著。

八海釀造㈱代表取締役
南雲二郎

この度、呉恵萍さん著による、《日日健康　低卡甘糀》の上梓を心より嬉しく思います。本書は、「台湾で初めての『甘酒』の解説書」とのこと。、その歴史から、製法、飲用において期待できることに至るまで、全く知識のない人でも分かるように平易に解説し、また「甘酒」を使った飲料・料理のレシピも豊富に紹介されており、「甘酒の入門書」として、多くの読者に「甘酒」に親しんで頂くきっかけとなるものと、大いに期待しています。

　八海山は、日本酒ブランドとして、台湾でも親しんで頂いておりますが、実は、本書に詳しく解説がある通り、両者とも「麹」を使った伝統が育んだ醸造物・食品であり、日本酒と「甘酒」は切っても切れない関係にあります。八海山は長年に渡り蓄積した日本酒造りの技術を投入して作った、甘酒・「あまさけ」を発売し、台湾においても導入したばかりです。

　日本酒も甘酒もその他の発酵食品も皆、「麹」の力により生命を与えられた、日本の食文化に欠かせないものです。この「甘酒日和」がきっかけとなって、台湾の消費者の皆さんが「甘酒」に親しみ、飲料・料理にも活用されて、その食生活が益々豊かになることを期待して止みません。

八海醸造(株)代表取締役

南雲二郎

日本甘糀在台灣的可能性

在台灣成為流行產品的條件之一：「來自日本與日本發售」，確實的情況也似乎有「在日本暢銷的產品在台灣通常也受到歡迎的態勢。」這樣說來，甘糀滿足了這個條件。

「為什麼要選擇日本呢？」最大的重點就是「對於品質的信任」。「品質」就如同甘糀一般，只要是入口的東西，就會分為「美味」和「功效」兩種要素，以「美味」為核心的甘糀，甘味是來自於製造過程中所自然產生的「葡萄糖」，具有清爽且甜而不膩的風味，與後來添加的「砂糖」甜味是截然不同的。其次「功效」的部分，如坊間說的一樣，甘糀是「喝的化妝品」、「喝的點滴」與美容健康相關的部分，有著令人無可置信的關聯。

本書也有介紹許多甘糀的應用，甘糀會依照飲料與料理的調理與調配方式的不同，產生出全新的美味以及新的功效，這點我覺得與其說是「糀的力量」倒不如說是「糀」所擁有的奇蹟。

近年來，和食已被註冊為聯合國教科文組織世界非物質文化遺產，能夠擁有這項殊榮，一切都歸功於日本獨自的糀文化所發展出來的「發酵食品」。甘糀可以被說為是糀文化的代名詞呢！這樣來說，甘糀不只是日本的流行食物，而是「這就是日本的食物」，甘糀正是象徵著日本人飲食生活之一的食物。我非常期待甘糀不會是短暫的流行，而是會在台灣的生活中紮根。

拾糀商號 協理人
二宮俊一

日本甘酒の台湾での可能性

　台湾でのヒット商品の条件としてかなり上位に来るものの一つに「日本産・日本発」という条件があります。確かに、「日本で売れているものは、ほぼ間違いなく、台湾でも売れる」、と言われています。甘酒はまずこの条件「日本で売れている」を満たします。

　そして「何故、日本か？」と言えば、最大のポイントは「品質に対する信頼」ということになるでしょう。「品質」は、甘酒のように口に入るものでは、「美味しさ」と「効能」という要素に分かれます。「美味しさ」の核となる、甘酒の甘さは、後で加えた「砂糖」の甘さと異なる、製造過程で自然に出来る「ブドウ糖」の、あっさりとした、飽きの来ない甘さです。また、「効能」は、「飲む化粧品」「飲む点滴」と言われる通り、美容・健康に関する信じられないほど多くのものがあるのです。更に、本書でレシピをご紹介していますが、甘酒は、飲料・料理として調合・調理することによって、実に美味しくて、新たな効能を持つ新しいものに生まれ変わるのです。これが、「糀パワー」と言われる、「米糀」のもつ「ミラクル」の為せる業なのです。近年、和食がユネスコの世界無形文化遺産に登録されました。これを支えているのが、日本独自の糀文化で発展した「発酵食品」です。そして、甘酒はその代表格と言ってもいいでしょう。こうして見て来ると、甘酒は、単なる日本で流行っているものではなく、「日本そのもの」とも言える、日本人の食生活を象徴するものの一つなのです。私は、この甘酒が一時の流行ではなく、台湾人の生活に根付くものとして、大いに期待しているのです。

拾糀商號 協理人
二宮俊一

用杯甘糀，從下午，重新出發

　　還記得幾年之前，曾經執行過一次關於「手搖飲」的研究專案，而透過這次機會也解決了自己心中長久以來的一個疑問，那就是為什麼上班族總是會在午餐過後，即將開啟下午工作之前，為自己帶上一杯飲料，是便當吃完很口渴，還是純粹只是路過方便，還是……還是……

　　其實答案相當純粹，那答案就是，這是一種沒有理由的儀式行為，重點是行為背後隱藏的意義性，人們，透過買飲料進公司，工作前吸上一口，來討好有點煩的自己，飲料是個象徵，Refresh 則是目的，最終達到激勵士氣，讓今日的下半場，感覺充滿動力，可以全速前進。

　　因此，「我喝，故我在」，喝不只是追求功能滿足，也該被賦予上乘意義，是要用熱量及糖份來彰顯厭世感，還是真正喝進去內在。

　　當有一款有著「喝的保養品」美名之古典飲品，在機緣之下飄洋過海，看似去脈絡的它，再融入台灣水果之後，再被認識，無論視角是出自喝健康，喝營養，還是喝新奇，人們都能在這樣的行動之中，進行在脈絡，並找到屬於自身的意義。

　　用杯甘糀，每天下午，重新出發。

　　當然在大口喝，讓這個神奇飲品，納入你的日常之前，且讓手上這本書，引著你，從容不迫的一步步進入甘糀之門。

林事務所 執行長
林承毅

把精華露喝進去

　　因為工作的關係，必須時常品飲清酒。前一陣子參加活動遇到了一個10多年沒見面，現在多只在臉書上聯繫的朋友。他對於我的外表沒有什麼改變驚呼連連，而我也只能笑笑，說：「可能是我把某化妝品牌的精華露都喝進去，從體內開始保養了吧！」，雖然是句玩笑話，但確實我所認識的日本酒酒廠老闆們，大多數的膚質看起來都很不錯。很有可能就如同那間化妝品牌所宣傳的，是釀造清酒中所製作出的成分所造成。其中產生精華露成分的關鍵，就在分解稻米成不同元素的「麴」。「甘酒」的製作也是使用「麴」，因此會產生類似的成分，但沒有酒精，或只含有低微的酒精成分，對於酒精類飲品排斥的人也可安心飲用。

　　此外甘酒還有著豐富的營養，在日本甚至被稱為「喝的點滴」，是近年來在日本爆紅的營養飲品。一般在飲用甘酒時，不是加熱就是冷飲。不過在看了這本書之後才發現，原來甘酒還可以加入其他水果元素，做成無酒精的「調酒」；甚至可以拿來做料理。這樣一來，就算每天都飲用甘酒，也不會讓人覺得一成不變而興趣缺缺呢！是不是讓你開始想嘗試利用甘酒，從體內開始用精華露做保養了呢？

新潟清酒達人 / SSI 專屬品鑑師 / SSI 酒匠 /
SSI 日本酒學講師 / 唎酒師 / 燒酎唎酒師 / 酒藝 負責人
楊凱程 Kenny Yang

甘糀日和。我的甘糀冒險

　　2019年「拾糀商號」開幕時很多朋友都問：為什麼會想到要去代理一個台灣人不熟悉的「米麴甘糀」呢？簡單的說，2016年離開很熟悉工作之後，就想離開自己的舒適圈，試試人生還有什麼可能性？所以想做沒有做過也不是很多人做過的事。因為挑戰，一直就是我的DNA之一，而甘糀，因為自己喜歡，也覺得是很健康的產品，於是就開始了我的甘糀冒險。

　　以往工作經常往返日本，熟悉也喜歡這個有點彆扭的國家文化、食物與風土，「米麴甘糀」之於我是熟悉親切的產品，但是僅此如此並不會讓我決心以此為業；去年當時87歲的爸爸因為糖尿病引發敗血症不得不以截肢續命，讓我第一次正視並深入去理解糖尿病；爸爸由那年初的冬末開始，就像是開啟了開關般的病痛一個接一個來，由第一次入院之後親自送爸爸去加護病房六次，一直到八月底才穩定下來。在醫院陪伴爸爸時，工作降至最低量，因而有大把時間去了解學習照顧的方法，也因此發覺本來自己喜歡的日本甘酒原來有二種，其中沒有酒精只以米、糀（米麴）與水製作的「米麴甘糀」在日本的研究下是可以完全取代砂糖，好吸收且營養素豐富，日本的某些研究也發現有助控制血糖，因此爸爸病中食欲全消時試著把水果汁加上些許「米麴甘糀」給爸爸喝，而這也是「拾糀商號」的原點。

　　這段時間裡也深刻理解飲食之於健康的重要，因此想要將這個日本近年來相當風行的傳統飲料「米麴甘糀」引進到台灣，並且用手調飲料的方式包裝出新意，接下來就是找到適合的產品，於是在大約一年的時間中喝了日本40多款「米麴甘酒」，也拜訪10家左右的廠商，

最後代理其中一個品牌，並開了一家「拾糀商號」甘糀手調飲料小舖
來推廣米麴甘糀，開始了我的甘糀冒險。

　　謝謝家人的支持，希望爸爸媽媽身體一直健康，愛運動的吳哥
說參加今年超馬時要拿甘糀去補充能量讓我很開心，香寶和謙寶時時
幫忙照顧爺爺奶奶讓我擔心少了很多，家裡療癒担當的吐司在爸爸病
癒後帶給全家很多歡笑，幫忙照顧爸爸的外籍看護阿廸盡責又貼心。
謝謝永遠的老闆二宮先生一路支持相挺，謝謝拾糀團隊的大家，尤其
是Aroma的幫忙，特別謝謝宜芳老師的支持，並且與我一同完成這
本書，以專業的角度給我很多建議；還有很多很多的朋友的鼓勵與幫
忙，拾糀的挑戰才開始，未來的路還很長，一直嘗試修正找到正確的
路上，還請繼續多多指教。

吳惠萍

2019.10

* 由於台灣政府規定沒有酒精就不能在品名中有「酒」字，因此以米麴
　的漢字「糀」（ㄏㄨㄚ）替代，將「米麴甘酒」稱爲「甘糀」。
* 【拾糀】則是取「食糀」的諧音爲名，拾糀商號是以推廣甘糀與米麴的
　優點給消費者爲主要的目標。

Contents

☕ 甘糀溫飲

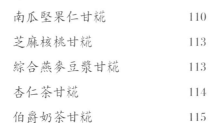

10 個關於甘酒／糀的快問快答

Q1 甘酒是什麼？

A 甘酒是日本的傳統發酵飲料，有二種類型：「酒粕甘酒」用清酒酒粕為原料，有些許酒精；另一種叫「米麴甘酒」以米、米麴和水做成，無酒精自然甘味也稱為「甘糀」。

Q2 「糀」怎麼唸？

A 糀（ㄏㄨㄚ）是一種麴菌只生長在米上，菌絲貌似花朵而被稱為「糀」。

Q3 「甘糀」是什麼？

A 由米、米麴與水製作的米麴甘酒，不含酒精；由米與米麴作用所產生的自然甘味，在日本做為飲料或是砂糖的替代品而被廣泛運用。

Q4 「甘糀」是發酵飲料，那有酒精嗎？

A 「甘糀」雖然經過發酵但是由於沒有添加酵母所以沒有酒精。

Q5 「甘糀」與常見的「酒釀」是一樣的嗎？

A 不一樣，「酒釀」與「甘糀」所使用的菌種不同，同時酒釀以糯米製作且含有酒精，甘糀是天然無酒精的。

Q6 「甘糀」有什麼營養素？

A 甘糀含有豐富的葡萄糖、天然維他命 B 群與胺基酸，而且酵素滿滿。

Q7 什麼樣的人適合食用「甘糀」呢？

A 0～99 歲都很適合，因為「甘糀」不含酒精也沒添加砂糖，來自米、米麴自然發酵之後的營養素達到 350 種以上。健康充足孕婦也很合適。

Q8 「甘糀」有什麼好處呢？

A 促進新陳代謝、提振精神、美容美肌、促進腸道健康……等。

Q9 「甘糀」的應用？

A 甘糀直接加冰、溫熱飲用或是加上果汁與其他飲料做為日常飲品很常見，做甜點與料理，取代砂糖做為甜味劑也很適合。

Q10 減肥可以喝「甘糀」嗎？

A 可以。因為甘糀裡擁有豐富的胺基酸幫助新陳代謝，同時甘糀中的酵素幫助腸道清潔。但是必須適量飲用。

Part 1

知 識 篇

● 關於發酵這件事

在2013年的11月美國哈佛大學第三屆科學與烹調公開講座，匯聚了來自世界各地的知名廚師與學者教授，美國Momofuku的主廚David Chang獲邀以「麴」做為主題，他提到：「微生物生成了酵素，而酵素發展成胺基酸、麩胺酸與天門冬胺酸，等於創造了旨味，而這旨味，便是美味。」（Microbes produce enzymes, enzymes develop amino acids, glutamic acid + aspartic acid = umami, umami = delicious）。「麴」（Koji）是日本發酵食品中的重中之中的要素，近十年來在歐美國家的烹調界中也廣受矚目，因為「麴」的神奇魅力在於透過微生物的轉化，原食材生成出更多令人驚豔的美味與口味，尤為甚者，還因為「麴」與原食材的作用而帶出較原本更豐富、更多的營養素。

2013年12月日本「和食」被聯合國教科文組織列為無形文化遺產，和食中有所謂的「一汁三菜」也就是一湯三菜，包含以魚、肉、蛋為主的〈主菜〉之外，以蔬菜、海藻為原料的煮、炒物的〈副菜〉，以及以蔬菜、些許海鮮為原料同時佐以醬汁的〈別副菜〉。此外，還會附上一道醬醃漬小菜，但並未被列入菜餚內。「一汁三菜」的型式也時以「定食」的方式在餐廳中銷售，這也是最典型的本膳料理型式。

和食的特色

✛ 季節感

和食的一大特徵便是季節感，就是「旬味」代表某個食材是當令盛產，也是一年內最好吃的時刻。日本四季分明也因此和食料理極為講究「應時」；米、蔬菜、水果、魚貝類等都注重在色彩、營養價值、口感等最佳時節食用。

✛ 不過度烹調

為了不損壞食材的營養價值，和食通常不會作太繁複的烹調與添加過多的調味料，而是著重於品嚐食材的原味。例如：應時的魚切片之後生食被認為是最美味的，這就誕生了和食中不可缺少的生魚片（刺身）。

✛ 發酵帶出的美味

「一汁三菜」廣受日本人喜歡的原因之一是「健康」；它的組成：可以改善腸道環境的味噌（湯），取用柴魚及昆布精華所提煉的日式高湯不但具有抑制鹽分的效果，也同時提升料理內在的旨味與深度；分解這些元素，日式和食的一汁三菜裡包括了：味噌、醬油、納豆、醃漬物、柴魚等等，這些日本代表性的發酵食品，再加上日常生活中常見的甘酒與日本酒，這些就構成了「和食」的獨特飲食文化。

一汁三菜是日本典型的本膳料理型式

和食之心：發酵

　　日本可說是發酵食品的先進國家，發酵食物不僅是為了飽足而已，日本料理是以發酵為核心，進而達到了基本的保健養生的目的，例如：由日本著名的長壽研究學者森幸男研究世界各國養生哲學，發現日本人經常食用發酵食品是讓日本人成為世界長壽人口較多國家之一的關鍵理由。所謂的發酵食物的特色是將食材透過「麴」或是「酵母」等微生物作用之後而產生的食品，食材經過發酵的過程味道改變了，風

味時有更勝原形的表現之外，發酵也讓食材的營養素擴大倍
增，或是根本產生原食材所沒有的營養素，這是發酵食品最
大的特色。發酵食品具備了可以幫助人體健康的良好功效，
而且由於營養素被完全分解之後，會變得更容易被人體所吸
收，因此日常生活飲食中多接觸發酵食品是很重要的。

　　促進發酵的微生物種類繁多，其中最具有代表性以及其
發酵後的食材：

菌種	代表性的發酵食材
麴菌	味噌、醬油、甘酒／糀、日本酒與燒酎等。
酵母菌	味噌、醬油、醋、紅酒、啤酒等。
乳酸菌	起司、優格、味噌、醃漬物、日本酒、紅酒、麵包。
納豆菌	納豆。
醋酸菌	醋。

發酵與溫度

　　與發酵相關的細菌與微生物是無法在高溫環境中
生存的，因此加熱時要特別注意不要過熱，最高溫限
制是60度，否則會破壞菌種的營養成分。

　　例如：甘酒／糀加熱時可採取隔水加熱，不用煮
滾，僅需溫熱即可；煮味噌湯時在高湯沸騰之後關火
降溫，再加入味噌讓其融化於高湯中即可。

日本料理中常見的發酵食

味噌 みそ

味噌可以說是日本國民調味料，以黃豆、米與麴做為製作味噌的主要原料。製作時先將原料洗淨蒸熟後加入鹽巴和不同種類的麴菌，例如：米麴、麥麴、豆麴，再經過發酵即可做出不同種類的味噌。

味噌的種類很多，例如：以製麴的原料不同分為「米味噌」、「麥味噌」、「豆味噌」；依熟成時間長短產生不同顏色的「白味噌」（熟成期短）與「紅味噌」（熟成期長，可以達到三個月）。依照味噌研磨的粗細程度，也分為「粗味噌」與「細味噌」；也有依照添加不同配料形成特定口味的味噌，例如：「昆布味噌」。據稱日本有1,300種不同口味的味噌，種類之多令人咋舌。味噌中含有優良蛋白質、多種胺基酸、鐵、磷、鈣、鉀、維生素E、維生素B群、大豆異黃酮、卵磷脂等營養素，是非常健康的調味料。

日本人說「早紅味噌、晚白味噌」即
是因為紅味噌中富含抗氧化，促進新陳代
謝的功能可以抑制血糖值上升；而白味噌
含有較多的麴菌，擁有GABA（麩胺酸發
酵物）具有穩定大腦，放鬆情緒的效果，
因此晚餐飲用白味噌可以減輕壓力一夜安
眠。不同的時間食用不同的味噌不但美味
對健康也很有幫助。

醬油 しょうゆ

醬油是日本料理的基本調味料之
一，由黃豆和小麥為原料製成的液體調味
料。在江戶時代起，日本的醬油就開始
輸出到海外，現在已經外銷到超過100個
以上的國家，是日本料理中不可欠缺的
調味料，同時也廣受全世界各國料理調
味使用。根據日本農林規格（JAS）的定
義，依醸造法醬油分為：濃口醬油、淡口
醬油、再仕込醬油（甘露醬油）、溜口醬
油與白醬油；依製造方式：分為本醸造、
混合醸造與混合三種；再依等級又分為特
級、上級與標準；再加上日本各地氣候與
地理特質發展出的地元風情，種類豐富多
樣化的口味，羅織出日本醬油風景。

　　醬油的主要原料是大豆、小麥，經過麴、酵母與乳酸菌的長期間發酵、熟成而製作完成，醬油可以促進胃液分泌、提高食欲與幫助消化。其中極受矚目的成分是可以穩定腦部焦慮的GABA（麩胺酸發酵物），據稱除了可以改善腦部血液循環，幫助腦代謝之外也可以預防阿茲海默症的產生，但是市售的醬油種類繁多，經過化學製作的速成醬油以低價充斥市場，購買時不可不慎。

|柴魚| |鰹節| かつおぶし

　　柴魚是一種魚嗎？其實，柴魚是製成之後才叫柴魚，原型是「鰹魚」。製成後的柴魚原型像是一艘船，船的造型在日文裡是「節」，這是柴魚漢字「鰹節」的由來。

　　柴魚的製作步驟首先要挑出新鮮、肉質結實的「正鰹」，因為太老的鰹魚製作起來容易脆裂，太肥的鰹魚則容易出油並不適合製成柴魚，捕撈到的鰹魚經急速冷凍保鮮再解凍後先去除頭尾、魚鰭、

內臟，並切塊燉煮，煮熟後撈起冷卻將魚骨、魚刺完全去除然後進行烘烤，烘烤的正統做法是以木柴烘烤魚肉去除水分，賦予魚肉獨特的煙燻氣息同時也防止腐敗，幾經烘烤後的鰹魚就變得像木柴一樣，此時稱為「荒節」，這是一般的柴魚，風味比較淡，也會再加工製作成鰹魚粉。

再將「荒節」放入木箱中並置於陰暗處讓黴菌完全吸收到柴魚的水分，然後再拿到陽光下曝曬、發酵反覆幾次後，柴魚的水分已被黴菌完全吸收並且分解魚肉中的脂肪，經過如此繁複工序的柴魚稱為「枯節」，風味極佳，煮出來的高湯也會更清澄，保存時間也更長。

柴魚是日式高湯的靈魂，在反覆曝曬、發酵的過程中所產出鮮味的肌苷酸是其最大的特色。肌苷酸除帶來鮮味之外，也有著活化細胞、促進新陳代謝的功能，幫助人體延緩老化、長保年輕的效用；好喝鮮美的湯汁裡竟有那麼大的學問。

納豆 なっとう

納豆是日本最具代表性的傳統食物之一，獨特口感和超級的營養價值，黏黏牽絲的黏液與帶著古怪的味道，即使是日本著名的超級食物，但是卻仍有人討厭它並棄如敝屣，也被不少人認為是「恐怖」食材。

納豆最早是將蒸煮過的黃豆包覆在稻草中發酵製成，但現今多數是以純化之後的納豆菌（Bacillus subtilis natto）製成。被稱為「完全食物」的納豆，擁著極超凡的均衡營養素，被視為日本人長壽的秘訣之一。納豆起源眾說紛紜，其中一個說法是，1083年後的三年戰役時，源義家在前往東北的途中，下塌於現今茨城縣水戶市，稻草菌附在做為軍糧的豆子上發酵，而納豆就這樣偶然誕生了。至今，茨城縣水戶市都被視做為納豆的故鄉。

納豆除了含有原料黃豆的全部營養，發酵後更產生了其他營養成分，含

有皂素、異黃酮、不飽和脂肪酸、卵磷脂、葉酸、食用纖維、鈣、鐵、鉀、維生素及多種胺基酸、礦物質100多種以上種類的維生素k2，二吡啶酸等重要養分，其中納豆激酶由大豆發酵產生，是納豆獨有的酵素，可以幫助血液循環、預防血栓形成，對於預防心臟病、腦中風等疾病發揮極大的功效，此外，也具有活化腦部的功能。

▌甘酒▌ あまざけ

在日本被稱「喝的點滴」、「喝的保養品」的甘酒，日本神社的茶屋中醒目的「あまざけ」布簾，在冬季裡，一杯溫熱的甘酒讓人瞬間溫暖。而到日本的俳句（日本古典短詩）裡，甘酒則是夏日的季節形容詞之一。原來在原料米與米麴作用轉化過程中產生了葡萄糖、胺基酸以及維他命B，這些都是人體在日常運作時不可欠缺的營養素，純天然也容易被吸收，因此甘酒也被古時日本當做是夏季預防中暑、冬季保養溫熱的飲料。

　　甘酒分為「酒粕甘酒」與「米麴甘酒」二種，「酒粕甘酒」是由製作清酒後剩餘的酒粕製作，裡面含有些許的酒精，製作時也需要加入砂糖來增加甜味，當我們去日本旅行時，在神社附近的茶屋多數是這種「酒粕甘酒」，冬天一飲真是溫暖入心。

　　另一種「米麴甘酒」也稱做為「甘糀」則是以米與米麴發酵，因為米麴的作用而產生由澱粉轉化出的甘甜口感，不含酒精、無添加糖，近年大受家庭婦女與上班族歡迎，營養價值極高，0〜99歲都可以飲用，也吸引了飲料廠商與各種相關行業的投入，而在日本掀起了風潮。

米麴甘酒中營養成分：

糖	胺基酸	胺基酸
葡萄糖	9 種必須胺基酸 Valine, leucine 等	B1, B2, B3, B5, B6, B7, B9
12 個種類的 Oligo 糖 kojibiose 等	11 種非必須胺基酸 如：精胺酸等	

• 江戶到令和，甘酒的華麗轉身

　　甘酒的歷史最早可以溯源到日本古墳時代（300～710年），日本古籍《日本書紀》裡有著「天甜酒」的記載，許多人認為這就是現今甘酒的起源。到了平安時代（797～1185年間）貴族階級則將甘酒做為嗜好品的飲料；接近近代的江戶時期（1603～1868年間）甘酒擴及到了一般庶民的生活之中，為防止酒醉不適，宴席之前喝甘酒被稱為「武士作風」；百姓則用來預防中暑和恢復疲勞。在現代，甘酒是元旦喝的祈福酒，也是1月20日大寒的人氣暖身飲品，其消費量之大，使製造業者把大寒稱為「甘酒日」。

平成末到令和，甘糀的爆發性成長

浮世繪（雙筆五十三次はら 柏原立バ 富士の白酒）

　　江戶時期的浮世繪中可以看到在街頭上販賣甘酒的小販扛著扁擔沿街叫賣，是當時繁華江戶的風景之一，此時期也是甘酒盛行的期間，為了讓普羅大眾都能喝到甘酒，甘酒的價格一直都相當便宜；同時由於甘酒具有恢復元氣、預防酒醉的效果，當時的幕府認定甘酒是健康食品而傳頌至

今。但是甘酒曾經的繁華到了昭和，日本生活逐漸西化而逐漸落盡。昭和時期電器發明，冷藏技術進步、清涼飲料逐漸風行，曾經廣受歡迎消暑良方的甘酒光芒黯淡下來，慢慢成為只有在神社新年初詣、觀光區的茶屋、小店旁裡冬季時用來做為暖身用的飲料。

沈寂下的甘酒雖然並沒有被完全遺忘在日本人的生活之中，但是隨著飲料的選擇性越來越豐富下，甘酒也逐漸被放置在時光的角落不再被注意，留存下來在年輕人心中的印象大約就是「對身體好」的都市傳說。但平成年間東日本的一場浩劫卻開始讓這個情況有了改變。

2011年3月11日東日本發生了東日本大地震，台灣稱為日本311大地震的天災，併發了日本史無前例的大海嘯，連帶把東京電力公司位於福島的核能發電廠摧毀，面臨天災的日本，當時「節電（せつでん）」成了熱門關鍵字，同時也成為日本的全民任務，節電用品紛紛出籠，COOLBIZ（清涼商務），以環保觀念促進上班族服裝輕量化、扇子、電風扇代替冷氣……在日本社會紛紛為了「節電」而推出各種新想法的同時，針對各種可以解熱的方式也受到矚目，而昭和時期做為消暑解熱的飲料──「甘酒」就在此時再次被注意與討論了。學者專家們紛紛為對於甘酒可以解熱的原因進行研究，在這個風潮下，甘酒的研究調查紛紛出籠，原來甘酒不僅可以解熱抗暑，居然還有著一大堆幫助健康的效能……，當日

本在此契機重新檢視自己的傳統食品「甘酒」時，才在近代科技的幫助之下，深刻地認知了「甘酒」的多樣功能與不思議的效果。

　　Yahoo Japan 一篇關於甘酒的報導中，日本食品大廠森永製菓行銷本部豬瀨先生表示：2016年甘酒業界銷售量是2010年的4倍，市場規模從日幣33億元成長到逾130億元；相較於2015年也有1.6倍的成長；這背後意外的推手是2011年東日本大震災時期，各方熱烈探討如何在電力短缺的情形下熬過酷暑的辦法，當時媒體介紹了江戶時代人民為預防中暑所飲用的甘酒，從此開始引起注目，使市場需求突然暴增。其中主要的成長是來自於甘酒中沒有酒精的「甘糀」即米麴甘酒，主要是因為不論大人小孩，什麼年紀都可以飲用。

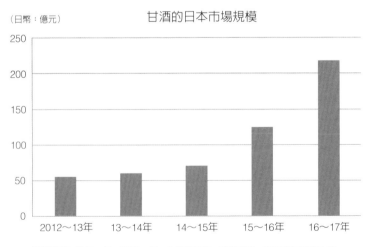

甘酒的日本市場規模

（日幣：億元）

統計期間為當年11月～隔年10月。全國的超市、便利商店、藥妝店的銷售金額

甘酒在日本源於2011年以來爆發性的成長，還有一個推波助瀾的原因是來自於日本女性對於「美麗」追求的不遺餘力，日本傳統發酵食品「甘酒」中的無酒精「甘糀」，近來成為注重保養的女性朋友們熱愛的產品。2017年2月的日本女性時尚雜誌〈CanCam〉也報導，「甘糀」將是下一波日本美容的發燒趨勢。日本48歲美魔女永作博美與多位藝人、名人與模特兒都公開表示以每日飲用「甘糀」保持活力與美肌，造成傳統「甘糀」由昭和的解熱抗暑的印象，在平成年間末期到邁入令和之際，華麗轉身進化為現代美容保養的聖品，還被日本OL間追捧成為「喝的保養品」。

日本「麴」的歷史由製酒開始

　　清酒是日本以米、米麴、酵母和水發酵製成的傳統酒類，又稱之為日本酒（にほんしゅ）或是直接稱為酒（さけ），酒精濃度平均在15%左右，依著酒造的特性與原料的不同，有著各異的風味，佐餐相當適宜。為什麼由清酒開始談「麴」呢？因為「麴」的發展與日本酒大大有關。

　　日本在彌生時期由中國傳入了水稻種植，人們開始懂得以米製酒，一般認為日本酒釀造起源地是九州，當時的方法是將穀物加熱之後放到口中咀嚼，藉著唾液裡的酵素產生糖化作用，再用野生酵母發酵，這就是日本最原始的釀造方法，稱為「口嚼酒」。當時的酒功能多數用以祭神，同時，並不是如目前的清透液狀，而是更接近濃稠的糊狀，因為原料釀酒後的殘渣多留於酒液之中，當時還沒有過濾的概念。

　　在日本8世紀時對當時生活型態做記錄而傳頌至今的「播磨國風土記」（710年～794年）裡，就有將蒸過的米用來祭祀神，隨時間長久，米長了黴菌，這個黴菌用來釀酒就能做出好喝美味的供神酒的記錄，這大約就是日本最早有關「麴」的記錄；也可以看出「麴」其實是偶然發現的。由此以後，以米麴釀酒的方式開始普及化，當時的政府也確立律令制度而設置了造酒司，日本的釀造體制由此正式開始，此時釀酒的技術也由此萌芽並快速提升。

到了平安時代（794年～1192年）宗教的祭祀上，清酒已經在儀式中扮演了很重要的角色，但是尚未普及到民間，一般庶民是沒有機會飲用到清酒的，直到寺院裡的僧人釀造的清酒也受到很高的評價，清酒才逐步的平民化，而寺院裡釀造的清酒稱為「僧坊酒」，著名的有高野山的「天野酒」與奈良平城的「菩提泉」這些寺廟的清酒與釀酒的技術才開始傳到民間。

由日本平安末期到室町時期（1336年～1573年），隨著人民生活素質改善加上商業與經濟繁盛，清酒需求增加；由政府的造酒司統一釀造的機制，此時演變成一般寺院與神社釀造也可以釀製清酒而流傳民間並且開始普及化，清酒亦被視為與米具有同等經濟價值的商品開始流通。而以「麴」的孢子乾燥後製成粉狀（現代的米麴菌種）而開始的商業型態「種麴店」（麴屋、糀屋）也蘊育而生，也就是說，日本早在600多年前就開始有以「銷售微生物、銷售菌種」的商業模式。當時的日本，這些「麴屋」把製作出來的種麴銷售給像是酒造、味噌商、醬油商等以發酵為業的商家去製作商品，因為屬於專賣事業，不是想要銷售就可以開店營業，要經營種麴店必須獲得幕府頒發的營業許可，當時銷售麴是商業專賣體制，獲利極高，因此必須要上繳部分收益給政府或是有權勢的神社，才能獲得獨佔權或免課稅的特權。

時至今日，日本仍然有許多數百年歷史的麴屋在製造、銷售種麴，但是由於市場被逐漸西化的飲食與西方酒類大舉入侵影響，逐漸縮小，因此這些麴屋們為了生存也開始轉型，在本業的基磐之下，努力地將商品多樣化，藉由不同型態繼續向世人傳遞麴菌與發酵的美好。

　　像是在寬永年間（1624年）成立的「大阪屋こうじ店」，除了種麴銷售之外也利用自家商品製作各種發酵食品，包括味噌、醃漬品與甘酒之外，在京都東山區平安神宮附近開設了一家以自家麴製發酵食物為基礎的「糀屋Cafe」，將傳統製品注入了新的靈魂。而歷史更久的位於京都府的「糀屋三左衛門」，應是保存至今日本最老的麴屋，創立於室町時代距今600多年前，是北野天滿宮下「西京麴座」的座員之一，目前家主是第29代，仍然保存了由室町幕府足立13代將軍義輝所頒發的「麴座」許可版，也就是當時的營業執照；「糀屋三左衛門」在二次大戰後搬移到愛知縣的豐橋市，除了繼續製麴銷售種麴之外，也以麴為基底製作眾多高品質的日本發酵食品，例如：甘酒、味噌、塩麴等商品，2017年時日本政府還將「糀屋三左衛門」製的甘酒做為獻禮敬贈給羅馬教皇廳。

「大阪屋こうじ店」糀屋咖啡

京都府京都市東山区三条通 神宮道東入中之町181

知識篇 **❶**

日本酒之不思議

　　全世界的釀造酒（未經過蒸餾工序製造的酒類）中酒精濃度最高的是清酒，與坊間購得的15%左右酒精濃度的清酒不同，事實上清酒在釀造時酒精濃度可以高達23%，但是因為日本稅法的關係，必須加水降低酒精濃度才能裝瓶銷售。清酒的酒精濃度之所以可以到這麼高，是因為釀造過程中，有著全世界釀酒中獨一無二的「併行式複發酵」工序，也就是同時糖化與發酵；大部分的酵母都在發酵的過程中受到酒精影響

而死亡，但是清酒的「併行式複發酵」採用了米麴，即使在20%的酒精濃度下都能活得很好，這是因為米麴含有一種脂蛋白（Lipoprotein）可以阻絕酒精對酵母的傷害，不但可以續存下來，還會繼續產生大量的酒精，可以看出麴菌的神奇之處。

此外，清酒中級別最高的「純米大吟釀」讓全界愛酒人士為之傾倒與不可思議之處是其中蘊含著水果的清香，例如：洋梨、蜜桃的氣味，讓人垂涎。可是清酒明明只以米為原料，並沒有在製造過程裡加入水果，原來那一抹水果風味，也是來自於麴菌的影響，麴菌在工序中經過蒸米高溫，將米蒸到外硬內軟以便讓麴菌的菌絲得以深入米中，讓白米表面被麴絲覆蓋著，然後再以低溫讓其發酵；經過高低溫交迫後的酵母就會產生一種酵素，而發出如水果般清甜純粹的水感香氣，這也是現今在世界各地日本清酒能遍及和醉人的原因之一，這也是麴帶來的影響。因此已知道麴菌除了帶出原材料的美味之外，同時也像是魔法師一般，在自然力的驅動之下，讓原材料產生種種不可思議的變化。

● 美味的關鍵字：麴／糀

　　在日本廣辭苑裡提到「發酵」它的定義是：「酵母、細菌等微生物分解化合物，而產生酒精、有機酸、碳酸氣體的過程；是一種酵素的反應。酒、醬油、味噌以及維他命、抗生素都藉由這種作用而被製造出來。」簡而言之，發酵就是一種酵素作用，麴菌繁殖後將酵素釋放出來，將穀類／原料中的澱粉和蛋白質分解，結果產生了胺基酸等等的成分，然後人們食用了之後有了「好吃」的反應。

酸、甜、苦、辣之外的第五味：「旨味」（旨い（UMAMI））是由日本東京帝國大學（現今東京大學）池田菊苗博士提出：「旨味」最具代表性的就是以昆布及柴魚熬煮的日式高湯，日式高湯沒有多餘的調料，但是卻有著濃厚而深邃的風味。然而「旨味」究竟是什麼？具體來說，是指胺基酸中的一個種類，像是穀氨酸或肌苷酸、單磷酸鳥苷，昆布中就含有大量穀氨酸，而日式高湯的要角——柴魚裡即含有豐富的肌苷酸，也就是說，麴菌分解後產生的胺基酸形成了日本料理核心美味：「旨味」完全不為過。

　　日本飲食文化中幾乎離開不了「麴」，像是日本酒、燒酒、味噌、醬油、柴魚、甘酒／糀、味醂都少不了它，根本上可以說以「麴」為中心的發酵食品構成了日本之味，2004年，日本東北大學名譽教授一島英治在《日本釀造協會誌》第99卷第2號中提議把「麴菌」定為日本的「國菌」；2006年10月12日，日本釀造學會大會上通過了將麴菌（Aspergillus oryzae）認定為日本的國菌，並且將10月12日訂為「麴菌日」。

米麴也稱為「糀」，因為菌絲附著在米上貌似花朵而命名。

菌種	特徵
米麴	原料是白米。麴菌附著在白米上長出如花朵般的菌絲,因此由白米製的麴,有個特別的名稱稱作是「糀」。可以產生極強的甜味。 日本酒、米味噌、味醂、米酢、甘糀／酒等都是由米麴製作。
玄米麴	糙米製作。 有淺而淡雅的甜味,與獨特的穀物香氣。
麥麴	大麥或小麥製作。 味道濃郁,用於製作大麥味噌和燒酒。
豆麴	大豆、黃豆、黑豆等豆類製作,常用於製作豆味噌。
其他	還有許多以不同原料製作的麴菌,例如:日本奄美大島以鐵蘇的種子為原料製麴並做當地特色的味噌。

麴、糀

❖ 麴:由蒸過的穀物,如:米、麥或大豆等穀物培養出黴菌的產物,統稱為「麴」,字源來自中國,如「麥麴」即原料是麥。

❖ 糀:日本明治時代所創的漢字,形容白色的菌如花般綻放,專指由米培養出麴菌的發酵物。

　　這裡談的「米麴甘酒」是指不含酒精以米、米麴製成,為免混肴,將沒有酒精的「米麴甘酒」稱為「甘糀」。

　　不只是日本料理中「麴」已是美味的關鍵字，更是早已在歐美烹飪界中產生新的浪潮。造麴技術在亞洲已經有千年以上的進程，在東風西漸下的西元2000年以來，西方廚界掀起一股以「麴」入菜的風潮，這主要是因為發酵食品基本上的共同點：「富含鮮味即是旨味」讓歐美大廚們紛紛傾倒，除了用在醬料與醃漬中，更進一步的積極運用在製作食材上。

　　Tasting Table 2017年一篇名為「Breaking the Mold」的文章中，列舉了許多積極採用東方麴菌讓各種食物發酵的名店與名廚的料理與食物，例如：在Jonathon Sawyer旗下義大利餐廳Trentina任職的Jeremy Umansky就是積極地以麴菌廣做實驗的名廚之一，他研究自製鷹嘴豆味噌時，麴菌氣味讓他想起新鮮的扇貝，同時也發覺麴菌不只可繁殖在白米上，也能運用在米製粉中，於是他在扇貝表層裏上米製粉然後將麴菌的孢子直接移植到米製粉上風乾，36個小時之後，扇貝上佈滿真菌，但是不但沒有腐壞反而產生出緊實的貝肉，聞起來有著甘甜的柑橘與鹹味；之後，Jeremy Umansky更積極地將麴菌用於風味更濃郁的肉類上，以麴菌發酵縮短了原本風乾肉品的時間，同時不需要加鹽，就能使肉類的風味更複雜與美味，他深深著迷於日本麴菌，開始在名為Larder的歐式熟食舖中販售各種號稱「被『麴』親過」的產品，由麵包到各種醃肉都有。

「麴」讓烹飪有了更多來自於自然的變化與想像，也提引出了蘊藏在各種食材下的隱之味，由東方開始，讓全世界為之著迷。

● 甜蜜的完全食物：甘糀（米麴甘酒）

日本開始有「甘酒」的記錄是早在西元720年完成的《日本書紀》裡就有提到做為貢品的「天甜酒」以及進獻給天皇飲用的「醴酒」的記錄，一般認為就是「甘酒」的前身。當時的情況尚不可考，古時日本的酒主要是用於祭神之用，只有在祭典時才有機會喝到，且早期製酒品質不安定，一直到室町時期才開發出安定的麴培養方法，因此日本的「甘酒」很有可能是在室町時才普及起來；然而到了江戶時代，就是「甘酒」大爆發的開始了。

由目前存留下江戶時期的繪卷、浮世繪與俳句，可以看到「甘酒」在當時與現在有些不同，日本現今對「甘酒」的印象多數是冬季的飲料，尤其是新年初詣（第一次參拜）時有些神社就會提供暖暖的「甘酒」讓信眾暖身祛寒，這種「甘酒」暖身的概念在一些觀光景點也是常見的風景，像是京都秋季賞楓時，由保津川搭船遊河時在近嵐山前，總有些船舟小販向遊客兜售小食，其中廣受歡迎的就是掛著「甘

酒」的小販，已經是現在冬季的日本日常風景之一。

　　但是，江戶時代記錄當時風土文化的《守貞漫稿》裡，提到江戶一帶全年都有人賣「甘酒」，京坂地帶的「甘酒」小販則是夏天的晚上做生意。夏天晚上喝「甘酒」可能是覺得喝「甘酒」可以增強體力，如果發汗的話，也可以避免中暑，所以在日本的俳句中，「甘酒」讓人聯想到夏季風情屬於夏日季語。由江戶存留下的浮世繪中，當時的「甘酒」是由小販以扁擔挑著木桶在街頭機動販售，客人要購買時就以天秤量重，以一杯6至8文錢（約莫現今的150日圓到200日圓）銷售，除了攤販機動的行走銷售之外，另一個「甘酒」銷售的地點則是茶屋，由江戶時期至今仍在營業的著名茶屋仍然銷售著「甘酒」，像是東京都淺草東本願寺前的「三河

《守貞漫稿》卷六的京坂甘酒小販的插圖。

屋」、「伊勢屋」、「大阪屋」、「三河屋綾部商店」等之外，神田明神社前的「天野屋」也仍在營業中；日本有些神社在新年初詣時也會提供「甘酒」讓信眾暖身，東京都內的靖國神社就有著名的新春「甘酒」，或位於日本九州熊本縣內的阿蘇神社，根據日本新聞報導，曾在2016年新春初詣時，於一週之內就贈送出30,000份的「甘酒」給信眾飲用，規模之大令人咋舌。

　　江戶時期甘酒顯然是個夏季飲品，那麼為什麼現在的日本人多半是冬季喝「甘酒」？有可能是20世紀之後西式的清涼飲料越來越普及，再加上冷藏技術進步，夏天的飲料選擇太多，因此「甘酒」的商家改在冬天做生意。

　　日本法令中的酒的定義是酒精成分1%以上才稱為酒，甘酒雖有個「酒」字，但即使帶有酒精的「酒粕甘酒」含量大約僅有1%以下，以目前日本甘酒市場中超過60%市佔的「米麴甘酒」（即甘糀）更是完全無酒精，可是被稱為「あまざけ甘酒」就很容易引起誤會，因此在日本一些廠商將「米麴甘酒」稱為「甘糀」，將之與有酒精的甘酒做為區隔。但是神社與附近的茶屋都小心翼翼地控制酒精濃度，將其控制在1%以下，所以即使含有酒精都不是真的酒。

「酒粕甘酒」與「甘糀」

　　在日本有二種不同的甘酒，以結果來說，分為有酒精與無酒精二種，但其實不但原料不同，連製作方式都不盡相同，唯一相同的是都是甜味飲料，並且擁有對人體極佳的營養素。同樣透過米與米麴製作，不含酒精的「甘糀」即米麴甘酒作法很單純，製作時間也很短，在江戶時期有著「一夜酒」的別名。

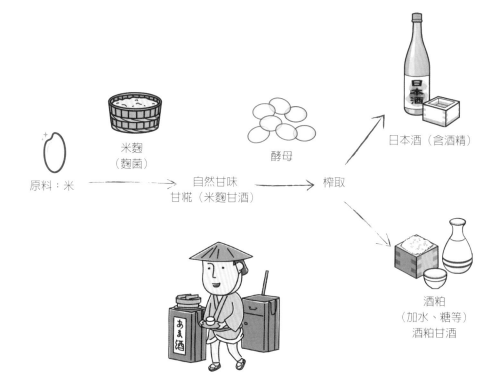

米麴
（麴菌）

酵母

日本酒（含酒精）

原料：米　　　　　　　　自然甘味
　　　　　　　　　　　　甘糀（米麴甘酒）　　　　榨取

酒粕
（加水、糖等）
酒粕甘酒

「甘酒」（あまざけ）的種類：

	米麴甘酒／甘糀	酒粕甘酒
原料	白米、米麴與水。 米的種類除了白米之外，也有使用糙米、糯米、紫米等製作。	酒粕（清酒製作後剩餘的殘渣）、砂糖與水。
酒精度	沒有酒精。	大約1%。
甜味	米與米麴作用後的自然甘味。	砂糖的甜味。
口感	米粒殘留的口感。	稠狀的口感。

　　近來在日本飛躍性成長的甘酒市場中，甘糀（米麴甘酒）呈現大幅度的成長，整體甘酒市場中達到60%以上，而甘糀與酒粕的調合產品則大約佔了30%左右，純粹的酒粕甘酒佔比則不到10%。而引起「甘糀」（米麴甘酒）廣受矚目的原因則是因為其中的「美肌效果」，而以美容飲品之姿呈現爆炸性的飛躍。

✚ 酒粕甘酒

「酒粕甘酒」顧名思義就是以酒粕做的甘酒，那麼酒粕是什麼呢？簡單的說，酒粕就是清酒製造過程中，榨取酒液之後留下來的渣渣；聽起來似乎是清酒製造中的廢棄品，但事實上，酒粕決定了清酒的品質，是酒造（清酒製造商）的重要資產，日本許多酒造都會將這些「酒粕」保

存下來銷售給消費者，讓消費者購買回家製作料理，由於由米、米麴製作留下的酒粕中含有保養皮膚、美容養顏成份，甚至有些酒造由此發展出自己的品牌保養品、周邊商品如酒粕醃漬菜等等……非常知名的美容保養品SKII據說就是以此做為靈感，而成為全世界著名的養顏美容品牌。

「酒粕甘酒」的製作，首先，清酒是由米製成，米經過蒸熟之後將米麴與酵母加入其中，經過併行複發酵的工序，同時進行糖化以及發酵，產生酒精；再經過三段釀造的方式反覆加入水、麴米與掛米，然後再移至低溫中進行熟成，熟成之後，透過不同的壓榨方式將酒液取出，而最後酒液與白色固形物分離，這個固形物就是充滿了諸多營養素與些許酒精的「酒粕」。

但是「酒粕」沒有味道，必須加入砂糖與水去做調和，最後溶解製作出來的就是在很多傳統茶屋與神社正月初詣時招待信眾飲用多數是這種「酒粕甘酒」。但並不是所有神社都以「酒粕甘酒」款待信眾，由於含有酒精，對於酒精敏感的人、孕婦或是小朋友是不能飲用的。

✛ 甘糀（米麴甘酒）

「米麴甘酒」是以白米、麴菌與水為原料。米麴是將麴真菌植入白米之中再進行保溫，讓麴菌與白米進行發酵的動作而產生自然甜味；米麴的營養成分相較於米更豐富許多，因為米中的澱粉經過麴菌糖化酵素分解之後轉化為葡

萄糖，在甘糀中的葡萄糖達到20%左右，此外，米表面的蛋白質經由麴菌分解，也會轉成為必須胺基酸。不僅如此，麴菌在發酵的過程之中，會製造出維生素B群（除B12外），這些是人體活動時不可或缺的要素，因為純天然因此相當穩定，人體也很好吸收。

米（粥）與甘糀營養素比較

		單位	白粥	甘糀（米麴甘酒）
項目		單位	白飯換算	甘糀換算
卡路里		Kcal	85.30	86.70
一般成分	水分	g	79.70	79.70
	碳水化合物	g	18.83	17.90
	蛋白質	g	1.27	1.80
	脂質	g	0.15	0.50
	灰分	g	0.05	0.10
	總量	g	100.00	100.00
維他命	B1	mg	10.00	**30.00**
	B2	mg	10.00	**40.00**
	B3 菸酸	mg	100.00	**450.00**
	B5 泛酸	mg	130.00	130.00
	B6	mg	10.00	**30.00**
	B7	mg	無	**1.27**
	B9 葉酸	mg	1.52	**21.51**

據日本新潟農業研究所食品研究中心與八海釀造聯合研究，並於2016年9月日本生物技術學會第68屆年會發佈研究結果，甘糀中確認擁有353種營養物質，包括葡萄糖、

胺基酸、維生素B群（含B2、B6、菸酸），同時也以均衡
的方式含有酸和泛酸與有機酸、脂肪酸、核酸胺和二肽等
等。

甘糀中的營養成分多達353種營養素

米在與米麴作用之後產生的營養素相當高，而且天然好吸
收；很難想像甘糀僅以三種簡單的素材：白米、米麴與水，
經過一夜的時間，就能將白米轉化成甘糀並且營養素分量

增長。所以說談到日本的發酵食品，無法不提也被稱為「一夜酒」的「甘糀」，能將如此單純的材料在短時間內轉變成超級食物，不得不說「麴」創造了奇蹟。

甘糀中維他命 B 群的功能

B1 恢復疲勞、促進新陳代謝

B5 緩和壓力、好菌生成、促進代謝

B2 促進新陳代謝、皮膚頭髮保護

維他命 **B** 群

B6 皮膚頭髮保護、神經傳達物合成、代謝輔助

B3 促進新陳代謝、酒精分解

B7 皮膚頭髮保護、代謝輔助

B9 造血作用、胎兒先生異常保護、代謝輔助

*B12 主要來源是動物性食品，植物來源以海菜類為主，甘糀中沒有生成。

胺基酸的功能

胺基酸名稱	功能
賴胺酸 LYS	增加免疫力、防止蛀牙、促進骨骼成長。
色胺酸 TRY	改善憂鬱症與睡眠相關障礙、促進生長。
苯丙胺酸 PHE	治療抑鬱症、改善記憶、學習及對抗憂鬱。
蛋胺酸 MET	具有去脂功能，預防動脈硬化與血脂症，提高肌肉活力，並且促進皮膚蛋白質與胰島素合成。
蘇胺酸 THR	恢復人體疲勞，促進生長發育的效果
異亮胺酸 ILE	維持人體平衡、抗貧血。
亮胺酸 LEU	降低血糖、促進皮膚傷口與骨頭的癒合。
纈胺酸 VAL	促進神經系統功能正常。
胱胺酸 CYS	有治療「脂肪肝」和解毒效果。治療皮膚的損傷，對病後、產後脫髮有療效。
酪胺酸 TYR	預防老人痴呆、促進新陳代謝。
精胺酸 ARG	增加肌肉活力、保持性功能。
組胺酸 HIS	促進血液生成、血管擴張。
丙胺酸 ALA	促進酒精代謝、增加肝功能、保護肝臟。
天門冬胺酸 ASP	保護肝臟、預防心肌梗塞。
谷胺酸 GLU	改善中樞神經活動、促進智能增長、保持皮膚濕潤。
甘胺酸 GLY	降低血中膽固醇濃度，防止高血壓、降低血糖、防止血栓、提高肌肉活力。
脯胺酸 PRO	治療高血壓。
絲胺酸 SER	降低血中膽固醇濃度防止高血壓。

* 紅字為人體必須胺基酸。

甘酒／糀在華人世界裡的雙生子：酒釀

在華人飲食中的「酒釀」就像是甘酒的雙子般的存在，不僅原料都是米（酒釀採用糯米）與麴再發酵而成，完成品也都擁有滿滿的營養素。

酒釀的作法是糯米加入酒麴和水，置於溫熱的鍋中發酵數小時，讓糯米中的澱粉部分糖化後製成；酒釀的米粒保留下來，口感柔軟、味道甘醇有著酒香，發酵後的酒釀本身即有甜味，所以有人又叫它做「甜酒釀」，除了直接食用，也可以與蛋、湯圓一起食用，如：桂花酒釀湯圓、蛋花酒釀等都是非常知名的中式甜品。要注意的是，雖然酒釀的甜味多、酒味少，但仍含有一定濃度的酒精成分，食用上必須斟酌用量。此外中式料理也常用酒釀提味，例如：酒釀鮮魚等。

酒釀、酒粕甘酒與甘米花（米麴甘酒）

	甜酒釀	酒粕甘酒	甘糀
原料	米、酒麴、水	酒粕、砂糖、水	米、米麴、水
酒精	✔	✔	✘
麴菌種	酒麴餅「根黴菌」，學名 Rhizopus，發酵時會產生酒精。	製酒時的米麴，但製造酒過程中加入酵母而產生了酒精。	米麴。「米麴菌」或「麴黴菌」，學名 Aspergillus Oryzae。發酵不出酒精。
口感	甜，發酵味強。	稠狀口感。	自然甘味。

● 喝的點滴、美容液：甘糀的功能

讓人擁有美麗與健康的超級食物「甘糀」

✚ 心與身體一起被療癒了

　　甘糀在日本被稱為「喝的點滴」、「喝的美容液」，雖然含有極其豐富的營養素，但是原料卻相當簡單與自然不添加化學成分，利用米麴的發酵激活了食材中的營養與美味。自然甘甜也很適合代替砂糖來製作成日常的飲料、點心與料理，一起來日日食甘糀，成為健康一族！

每日飲用「甘糀」──米麴甘酒，健康滿點！

「甘糀」擁有353種的營養素，美容與健康效果拔群，不含酒精，0～99歲不論男女，包括孕婦都可以安心飲用。

「甘糀」也可以自己製作並不困難，但日本目前市售許多包裝甘糀，在科技的進步下，即使經過殺菌都能保有豐富的營養素。

本書食譜中所採用的甘糀原料是來自日本福岡縣朝倉市篠崎酒造製作的「國菊甘糀」，於2008年獲得Monde Selection「Diet食品與健康食品部門」金賞獎。

營養成份標示如下：

營養成份（每100g）

卡路里	蛋白質	脂類	碳水化合物	鈉
110 Kcal	1.6 g	0.2 g	25.4 g	1.9 mG

資料來源：日本食品分析中心 2013 年 9 月 9 日 第 13082534001-01 號

必須胺基酸（每100g）

Lysine 賴胺酸	55mg	Methionine 蛋胺酸	36mg
Phenylalanine 苯丙胺酸	80mg	Valine 纈胺酸	91mg
Leucine 白胺酸	122mg	Threonine 蘇胺酸	56mg
Isoleucine 異白胺酸	61mg	Tryptophan 色胺酸	21mg

資料來源：日本食品分析中心 2013 年 9 月 12 日第 13082534001-02 號

甘糀的健康效果

疲勞回復

甘糀跨世紀的受到日本人喜愛的理由之一就是幫助回復元氣，古早時期的飲食智慧到了現代也是相當受用的。

由江戶時期開始，幫助元氣回復的天然飲料。

雖然「甘糀」在現代日本的印象是冬季的飲料，祛寒暖身特別舒服，但是江戶時期的日本卻是用來防止中暑與幫助元氣恢復而飲用的夏日飲品。在大街小巷裡揹著扁擔叫賣甘糀的景象，成了日本夏日的季語，可見影響民眾日常深遠。

甘糀，能夠回復疲勞提升元氣的重點有三個：首先，擁有許多可以緩解疲勞的胺基酸，胺基酸分子小好吸收，甘糀裡有多種必須胺基酸可以幫助精神安定、穩定。其次，補充維他命B：維他命B是提振精神的最佳營養素之外，維他命B5（泛酸）與GABA（麩氨酸發酵物）對於減緩壓力與腦的疲勞頗有效果。最後，是豐富的葡萄糖，血糖低人體會感到疲倦，甘糀中的葡萄糖分子小好吸收有助於能量轉換回復元氣，幫助腦部運作。

2016年9月，東京農業大學與八海釀造聯合研究的結果發現甘糀在運動後減輕疲勞的效果顯著，研究結果也在當年度日本體育與健康科學學會第4次年會公佈。通過研究，發現在長跑訓練中飲用「甘糀」，可以有效地減緩特定部位與自覺的疲勞。

圖1.合宿期間男子長距離選手的疲勞度（甘酒飲用○ 非飲用●）

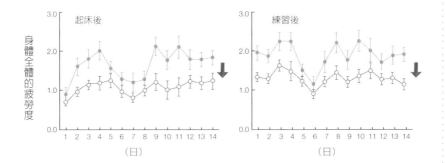

圖2.合宿期間女子長距離選手的疲勞度（甘酒飲用○ 非飲用●）

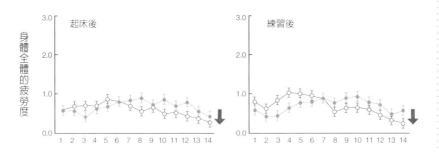

發表演題：「飲用甘糀對田徑選手訓練期間身體疲勞與主觀症狀影响」
發表者：實踐女子大学、東京農業大學
准教授 島崎あかね、教授 樫村修生、講師 菊地潤、准教授 南和広

養顏美容、美肌

對女性來說甘糀裡最被注目的效果就是「美肌」。
甘糀所含有的營養素可幫助皮膚散發光澤，成為素顏美人。

甘糀力可以在肌膚光澤的結果中展現。

在日本清酒廠與麴店裡，釀造者的手的皮膚相當細緻而有光澤，理由就是麴含有麴酸（Kojic acid），這也是著名的SK Ⅱ保養品的品牌起源。麴酸可以抑制黑色素的產生，達到美白的效果，在化妝保養品中經常做為原料使用。此外，甘糀中含有豐富的食物纖維也對於美肌養顏有極大的幫助，若腸道活動好，排除屯積在腸道中的有害老廢物質，會使得皮膚透澈明亮，食物纖維對於腸內環境幫助老廢物所排出很有功效，同時甘糀中的酵素成分也具有整腸的效果。甘糀中豐富的維他命B群具有優異的保濕效果，有助新陳代謝與肌膚活化。

根據日本神戶女子大學與月桂冠研究所的研究結果，連續飲用四週甘糀，一日飲用200g比飲用100g的女性，在頸部與皮膚質地不論在含水量與蒸發量都有顯著較好的表現。

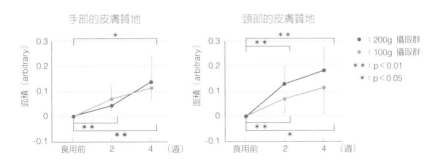

＊〈長期飲用甘糀對肌膚狀態的影響〉〈甘糀肌膚狀態的影響〉 日本營養・食糧學會發表（2016）
篠井奈々子＊、児島愛＊、入江元子、堤浩子、高岡素子＊（神戶女学院大学・人間科学＊、月桂冠・綜合研究所）

促進新陳代謝與減重

甘糀幫助減重與新陳代謝的有效成分很多，
但是，還是要注意每日攝取的上限喔！

甘糀的卡路里低，有許多幫助減重的成分。

甘糀的減重效果在日本媒體與社群中蔚為話題，在女性間非常受到注目。主要是甘糀的營養素中擁有許多有助於減重的成分。減重時，脂肪代謝與燃燒脂肪很重要，在甘糀的營養成分中有許多元素可以幫助脂肪代謝，例如：維他B1、B2、B3與B7等，而胺基酸也有幫助新陳代謝的功能。

同時，甘糀中的葡萄糖使得血糖值上升而使大腦有了飽足感的警覺，然後食物纖維可以有效的將腸道中老廢物質排出，其中最受矚目的就是擁有相當豐富的維他命B群，可以幫助脂肪的代謝並且燃燒脂肪。

以甘糀減重的原則：
① 早餐飲用，讓腸道一早就積極的運作。
② 吃飯前30分鐘飲用，增加飽足感。
③ 零食，請以甘糀相關食品替代。
④ 消夜也請以甘糀相關食品替代。
⑤ 減少砂糖等精製糖分，全以甘糀取代。

請務必注意的是甘糀含有豐富的營養素也具有減重的效果，但是仍然不可以過量食用，減重還是以控制飲食與保持適度的運動最為有效。

腸內環境改善

想要美肌、減重與健康，腸道環境是最爲重要的。
美麗與健康的關鍵在於腸道環境的健康，可藉甘糀力改善。

腸道環境的改善是成為健康人的捷徑。

　　甘糀中調整腸內環境的甘糀力來由是Oligo糖與食物纖維。Oligo糖是由乳酸菌、比菲特菌等等的好菌所形成，只要腸道內的好菌增加，腸道自然就能保持極佳的狀態來排除腸道中老廢的物與食物纖維的功效相同。

　　像是美肌、減重、疲勞回復以及提升免疫力等，美麗與健康的關鍵焦點都是腸道環境的改善。慢性的便秘常常使得體內的老廢物質屯積在腸道之中，不但使腸道營養素的吸收力持續惡化，由腸道開始的病痛也會越來越多。

　　據新潟藥科大學、八海釀造與新潟農業總合研究所食品研究中心共同研究發現，甘糀可以幫助排便、清理腸道保持健康，在一天一瓶甘糀（210g）飲用的情況下，飲用前、飲用一週後、一週不飲用後可以看到不論是排便次數與日數都有明顯的改變。想要改善腸道環境可以以甘糀搭配不同的水果或蔬菜打成汁調和飲用，效果將會更明顯。

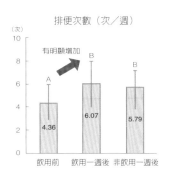

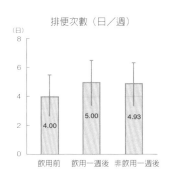

* 新潟藥科大學、八海釀造與新潟農業總合研究所食品研究中心共同研究。

放鬆精神、失眠改善

忙碌而生活不規則的現代人常見的毛病，壓力大、
睡眠品質不佳，甘糀裡也有一些營養成分可以幫助改善。

對於壓力大、失眠也有改善的效果。

甘糀中含有高含量的GABA（麩胺酸發酵物）以及胺基酸等等，
尤其維他命B5（泛酸）含量高，可以幫助人們放鬆、舒緩壓力，同時
具有助眠的效果。

此外，甘糀也具有調整自律神經的功能，現代人太忙碌對生活習
慣不規則的人說是個很好緩解情緒的飲料。但仍是不可以大量或是過
量的食用，過量仍然會造成身體的負擔。

提升免疫力

只要身體的免疫力高，細菌就不容易近身
強化自體免疫力抵抗感染的不二法門，甘糀力可以幫助禦敵。

腸道環境整理好，就可戰勝外來的病菌。

免疫力的關鍵字是「腸道」。腸道的作用是自食物中吸取養分並且排除老舊廢物質，如果腸道變得遲鈍就無法順利吸收營養素，即使是拼命地補充營養品想去提高免疫力也是徒勞無功的；更值得注意的是，那些無法排除的老舊廢物恐怕就會一直存積於腸道中，腸道充滿壞菌，使得各種外界要入侵身體的病毒或是細菌容易入侵。

甘糀有充足的營養素可調節腸道環境，讓甘糀力來提升免疫力。此外對於免疫力提高，改善過敏也是很有幫助的，就此將甘糀加入到食材中吧！

甘糀

Part 2

行　動　篇

● 日本甘糀的台灣冒險

　　對甘糀開始有深刻印象是什麼時候已經不太記得了，但第一次「被感動」的場景倒是刻骨銘心，一連串忙到沒日沒夜連續出差的疲累；一次出差間的空檔，在失眠一夜之後，一個人搭著早班的北陸新幹線直奔金澤，那是一個身心即將被榨乾的危急感；因為太臨時所以沒有想到北陸的天氣相較東京冷上許多，且是即將下雪前的零度氣溫，連衣服都穿太少，然後在快被凍僵的某個神社茶屋裡，因一杯甘糀，瞬時間，心靈與身體的疲累一起被療癒了。剎那間「被療癒」的感動一直被保留著。

　　離開企業裡的工作之後，想要做自己喜歡的事，還在摸索期間，爸爸生了一場大病，起因是糖尿病引發傷口感染導致敗血症，幾經生死交關之後爸爸在醫院休養期間，待在醫院幾乎全職照顧的我就開始透過網路尋找能夠讓爸爸滿足口腹之慾又能兼顧健康的食物，希望大病之後能夠控制好血糖也能夠吃得很開心；因緣際會地發覺，原來自己喜歡的甘糀分成二種，其中沒有酒精的甘糀，將澱粉轉化為單糖的葡萄糖與Oligo糖人體很好吸收、滿滿地維他命B與胺基酸，幾次加到現打果汁裡爸爸都很喜歡，血糖也能維持在醫生的要求之中；而跟著一起喝的我，也能感覺到甘糀清理腸道、提振精神與降低壓力的效果。

做了十多年酒類產品的行銷工作，如今想要找到一個沒有酒精的甘糀做為新事業的挑戰，是很瘋狂的一件事，雖然在日商工作了十多年，但是在甘糀的領域裡完全沒有資源，日本人做生意是講究關係的，該怎麼開始著實傷腦筋；很幸運的是，在前公司工作期間曾經派駐到台灣擔任總經理的二宮先生聽了我的想法「用日本的無酒精米麴甘酒（甘糀）加上台灣水果的手調飲料」他竟也興味盎然的想要進一步了解，然後願意在他已經很忙碌的工作之餘，抽空幫忙一起尋找適合的甘糀廠商。

在尋訪甘糀的過程中學習到以往不知道的日本。甘糀在日本是傳統的飲料，在2010年開始，甘糀在日本的需求量開始成長，許多廠商紛紛投入甘糀的製造；有趣的是，這個古早傳統的國民飲料，事實上在日本並沒有完全100%以釀製甘糀為業的廠商。甘糀製造目前仍是以與發酵相關的廠商為核心，原因是因為使用的麴菌與製作方式雷同，包括：麴屋、清酒商、醬油商、味噌商等等，這些發酵商們多數不是大廠商，因此也同時多元化的發展各種發酵食品。由於廠商背景的關係，不同的廠商所製造的口味也會有些許的不同。而且各家口味不一，目前大部分的甘酒都會將米磨碎，以讓米麴作用順利地進行，目前保留原粒的甘酒越來越少了。

日本甘酒在日本製造以釀造／發酵業為核心：

釀造業		非釀造業
主要	其他	食品商、飲料廠商
酒類、味噌 與醬油商	酢、漬物、麴屋	

日本的甘酒網（あまざけ.COM）針對不同的廠商背景做了大約的分類，將不同背景製造商的口味做了概要說明，但是也強調每個人的口味不同，而且雖然是以釀造背景區分，但是實際上各家釀造商仍有自己的風味特色。

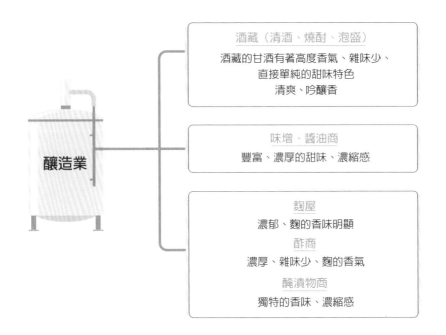

釀造業

酒藏（清酒、燒酎、泡盛）
酒藏的甘酒有著高度香氣、雜味少、
直接單純的甜味特色
清爽、吟釀香

味增、醬油商
豐富、濃厚的甜味、濃縮感

麴屋
濃郁、麴的香味明顯
酢商
濃厚、雜味少、麴的香氣
醃漬物商
獨特的香味、濃縮感

　　我們接觸到一些家業已創立數代的傳人，為了接續祖傳的事業與天生的使命感，努力地與時俱進，並在自己的崗位上傳承是很讓人感動的。甘糀是一個以極簡單的原料：米、米麴與水，用非常簡單的製造過程與很短的時間，就將原料轉化成營養素加乘數倍的超級食物，表現上一切看來是如此簡單的工序，其實在看不到的變化過程裡，與甘糀後的諸多歷史與故事，卻又如此有趣與複雜。因此說甘糀是又一個日本的 Amazing 完全不為過。

尋訪甘糀的初心

拾糀商號 協理人 二宮俊一

以下對談人物圖示：

二宮　　惠萍

ask 對於甘糀的印象是什麼？

 以前我並不喜歡甘酒，小時候在新年或是お盆休み時（盂蘭盆節）這種家庭聚會時喝，因為含有酒精，有口味不太好的印象，我並不喜歡。後來成年之後也沒有特別的機會接觸到甘酒，也就很少喝了；我的孩子（20代）也沒有機會喝到。二年前因為看到很多的報章雜紙提到甘酒／糀，覺得很有意思，似乎與以前的印象不同但不太深刻；2017年5月時偶然的機會去了新潟的八海釀造，再一次喝到甘糀，覺得很驚訝，非常順口好喝，更重要的是沒有酒精。這是我第一次喝到沒有酒精的甘酒，也就是米麴甘糀。

ask 所以二宮先生2017年到八海釀造的機會，是重新認識甘酒的契機嗎？

 對。之前對我來說是舊的甘酒，是印象不好的酒精甘酒。那一次在八海釀造是第一次喝到無酒精的甘糀。對我來說是全新的體驗，也是第一次知道甘酒原來有二種：有酒精與無酒精。而且那一次也讓我學習到原來甘糀的口味可以很多樣化、營養豐富、很健康。

惠萍又是怎麼接觸到甘糀的呢？

 由於工作的關係我必須經常往返日本與台灣之間，在精實的工作行程中安排半天、一天的小小旅行是當時忙碌中的小確幸，探訪各地神社是我的興趣之一，除了收集朱印帳之外與甘糀的第一次接觸亦緣於此。在很冷的冬季幾近下雪的金澤某個神社裡喝下甘糀的瞬間，甘甜滿溢口中，由喉間開始溫熱流竄全身，竟在小小茶屋外面的竹林捧著熱甘糀休息了許久，讓當時疲累的身心都獲得療癒，也因此喜歡上甘糀。

甘糀對一個觀光客的我來說是很「異國」也很「浪漫」的存在。開始深刻去了解二年前家父因糖尿病病重，爲了讓爸爸病後能保持健康又能滿足口腹之欲，在爸爸住院時趁著照顧空檔查了很多資料，因緣際會下才知道甘酒的分類，而其中沒有酒精的甘糀，富含天然營養且可替代砂糖，易吸收非常適合各種年齡飲用。所以起心動念的想要將甘糀引進到台灣來，感謝二宮先生幫忙聯絡日本的廠商，因爲我的工作經驗裡只有酒類產品，即使在日商工作多年，但是完全沒有資源在此，就是要跳進一個全新領域裡由零開始。

在交涉其間，有沒有印象深刻的事情？

 首先在日本的商業習慣裡，互相陌生的公司需要中間人做介紹，但是我透過電話與郵件聯絡之後，很幸運地與許多家甘酒製造商取得聯繫，他們都有很好的反應。接觸之後，我覺得不論是「清酒」、「麴屋」、「醬油」……背景的廠商的共同點都是對於自己從事的工作感到很驕傲，他們對於「麴」的優點的傳播，有著無與倫比的使命感。

 這點我也很深刻的感受到，之前我只是喜歡甘糀，透過網路查到許多有關甘糀的營養和保健美容的資訊，但實際接觸之後，慢慢理解到甘酒的背後，「麴」支持了日本的飲食文化，這麼多人在守護「麴」，覺得日本的文化力真是深刻驚人。

老舖們動輒幾百年的歷史背景，雖然無法完全了解什麼力量能貫串這麼多代，讓創業精神一直傳承下來，但是對於接觸到的人努力在時間變化的進程裡跟上腳步，與時俱進，我覺得是非常不容易的事，這真的必須有著無與倫比的使命感才能肩負家業的傳承和發揚的雙重壓力。

甘糀是日本的傳統食品，覺得台灣人的接受度？

 我覺得台灣人的飲食習慣在改變，越來越重視健康而且對甜味的喜歡度越來越低。用我很喜歡喝的豆漿舉例，剛到台灣時喝到的豆漿覺得好甜，後來知道它的甜味是加了砂糖，但近年再喝到豆漿感覺甜味降低。而且很多店開始銷售無糖豆漿。在日本甘糀也是砂糖的替代品，主婦們用甘糀取代砂糖去製作飲料、點心與料理，天然的甜味又健康。所以我覺得台灣的機會是很大的。

 台灣人對於日本產品的接受度很高，飲食觀也很雷同，最基本的是台灣也是個以白米為主食的地方，對於以白米為基本原料的甘糀，我相信是可以接受的；但是問題是該怎麼向台灣人介紹甘糀這個產品比較好呢？甘糀雖然是很單純的天然甜味，但是實際的產品口味像是濃縮的甜味，二年多前我去京都旅行時偶然去了「糀屋Cafe」，他們把甘糀加在咖啡裡取代糖的作法給我很大的驚奇（二宮：很多日本人都是這樣喝），就一個外國人而言，才第一次發覺原來甘糀可以有很多變化的。

後來決定要做甘糀之後，想到用台灣人很喜歡的手調飲料並加上台灣的水果混合的嘗試，台灣的水果本來甘度就很高，但是很特別的是加上甘糀之後不會更甜，卻讓果汁的口味變得很圓潤順口，連不太喜歡喝

果汁的爸爸都很喜歡，最後用「台灣的水果加上日本的甘糀」台日二地的食材結合。

 我第一次聽覺得很有趣，因為甘糀是日本飲食裡很好的食物，同時我覺得台灣的水果也是最好的（最喜歡芒果），二個都是天然的食材結合在一起，結合了日本與台灣好的東西我覺得很是棒的想法。

 日本的傳統飲料感覺到台灣變成了一個時髦的飲料嗎？

 我覺得也不是變成時髦的飲料，也許說是在台灣，因為沒有太多人了解它的背景，所以我們可以將它改變成任何形象，賦與它新的印象與定義，不會改變的是甘糀本身，就是一個原來單純、簡單、天然的事實。但是不可諱言的，即使甘糀這樣的超級食物來台灣，也必須要有包裝才行。說到「健康」關聯字大概都不會想到「美味、好吃」，所以外觀上也是很重要的。我們並無意將甘糀塑造成時髦的印象，但是，的確這是一個將傳統飲料現代化的作法，只是，對台灣人而言，其實根本沒有存在甘糀這個飲料傳統與否的想法，應該純粹就是個運用性很多的健康飲料吧！

 我覺得台灣人對甘糀沒有獨特的印象，以及台灣人很樂於接受各種新鮮事務與對日本的好感，所以增加了甘糀的可塑性以及可能性。

● 由日本甘酒看到職人之志　　文：二宮俊一

　　以「威士忌」為基石在台灣工作五年之後，再一次以「甘糀」來到台灣。

　　我於 2006 年到 2011 年的五年之中，以日本三得利派駐海外—台灣銷售公司總經理的身份駐地在台灣，而有機會與許多台灣人接觸、了解台灣這塊土地與人。在其中，我深深感到台灣人對於日本強烈的熱情；我的工作簡而言之是「希望消費者多飲用三得利的酒類產品」，在台灣工作的期間得到了許多同事與通路夥伴們的協助，而取得了一些成功，使我對台灣有著無比親近的感覺，歸建日本之後，我想著「希望能有機會從事與台灣有關聯的工作」而現在，有了向台灣的大家介紹「日本甘糀」的機會。

　　以「麴」製作的發酵品來自於高濕度的氣候，主要根源於東亞與東南亞，如果沒有「麴」，日本的飲食文化可能就不存在了。如今，日本的「和食」以「美味且健康」引起了全世界的關注與模仿，而日本近年透過了許多科學研究，再一次檢視日本自己自古就擁有的資產：「以『麴』製作的發酵食品」日本的「發酵食品」有醬油、味噌、味醂到日本酒、燒酎、甘酒／糀等等，這些構築了日本食文化的核心，其中「甘糀」在日本近年以其驚人的健康效果引起了極大的關

注，而被稱為是「喝的點滴」、「喝的保養品」使得消費量大幅提升，因此，我將「甘糀」做為發酵食品的代表，首先向台灣的大家介紹它。

　　我在台灣時以銷售威士忌為主工作時，常常感到台灣人對於「職人」的高度關心，因此舉辦「威士忌品酒會」時，台灣的反應特別地熱烈，台灣人求知若渴，不但積極吸收知識之外，自己也在工作之餘埋首鑽研，與同樣是華人為主的國家／地區的香港與新加坡相較，我認為這是台灣才擁有的特殊現象與鮮明的特色；或許這是因為台灣是以「製造業」為基礎而香港與新加坡則以是「服務業」為基礎的不同，台灣對於知識的渴求與研究的態度特別地與眾不同；而我也認為，台灣早年因為日本殖民時期，與日本技術人員共同參與了諸多的基礎建設，使得日本「製造」、「職人」精神的認同與其他亞洲國家相較很高，而且普遍地帶著欣賞的態度。

　　在這樣的背景之下，台灣的消費大眾們也許對於「甘糀」是如何製作的？它的背景是什麼呢？有什麼樣的背景能夠維繫它的品質呢？這些公司們有什麼樣的願景呢？以及，這些甘糀背後的軼事與趣味的事情也許會很有興趣去了解吧。

三家印象深刻的「職人」甘糀廠商

　　我由以往在台灣工作時的同事吳惠萍這裡得知一個想以「日本產的『甘糀』加上台灣產『水果』的結合」的想法。由於我目前尚在企業內工作，能夠參與範圍有限，於是以「尋找能夠供給原料『甘糀』廠商」的方式來協助，因為這些都是日本的公司，有著語言與習慣、商業的問題，因此有日本人參與其中的必要。

　　首先，我們在網路上尋找潛在合作的廠商，並且透過管道購買或要樣品試喝，然後由我透過電話與 e-mail 與他們聯絡，通常，在日本的商業習慣都是透過「某人」的介紹而開始交涉，但是很幸運的是很多公司樂於回覆他們的意願，這與一般日本商業的反應不同，我認為這是這些廠商有心將甘糀帶出日本國內往海外發展的意圖強烈而有的舉動；後來去拜訪參觀了其中約十餘家，最後有三家印象特別地深刻，包括位於九州福岡縣朝倉市的篠崎酒造，這也是最終成為合作夥伴的廠商。

　　「甘糀」的製造商多半是日本酒藏、製作發酵食品相關的廠商。因此有很多是繼承家業好幾代的經理人，我強烈地感受到他們認為「『糀』是日本獨有且珍貴的寶物，立意要透過『糀』對世界做出一番貢獻，而且對於自己能夠參與其中感

到光榮與驕傲。」的意念。日文中有一個詞「ものつくり」，
直接翻譯成中文就是製作物件的意義，但這個詞中不僅指單
純的製造某物件，更有著「深刻的精神意義」在其中，我想
用「職人製作」的翻譯更能表達這也是我希望透過本文能讓
大家理解的部分。

八海釀造

　　說起「八海山」在台灣日本酒愛好者的心中是高品質高級清酒的代表，做為清酒商，八海釀造的志願與其他品牌是很不一樣的，在八海釀造的網站上針對事業志向說：「把日本酒給更多人喝到」他們這樣寫著，我認為八海釀造讓人敬佩之處在於：即使不斷地擴大生產量，但是仍然堅守著「品質至上」的標準，在同業中以帶領者的姿態前行著。這麼說是在大約20年前，當時八海釀造仍然是小型的酒商，在很多其他品牌選擇以小規模限量生產維持高價銷售時，八海釀造選擇擴大規模，但維持高品質生產的方向；具體來說，他們將精米度提高於一般標準之上，也就是犧牲成本以求得更高品質的原料去釀酒。當大廠商紛紛以30噸釀造槽釀酒時，八海釀造卻堅守著以小型槽——不超過3噸釀酒，這就是八海釀造對品質的原則。

事實上，「甘糀」與日本酒製造的糖化工序是一樣的，也就是說甘糀是日本酒的前生，因此有許多甘糀的廠商是日本酒的酒藏。八海釀造有一個以日本酒殘留物：酒粕所製造與銷售的「發酵食品」爲主的事業，並有名爲「千年麴屋」的商店，而甘糀是其中的一個產品，八海釀造藉由釀製清酒而來的高端技術與堅持的態度，去大量生產高質量的甘糀。

　　「高質量與大規模生產」之間的平衡，八海釀造不僅實踐在日本酒的釀製上，也實踐在其甘糀的製作上，我認爲這就是「職人製作」的精神。

INFO

八海釀造

產品：清酒「八海山」、燒酎「宜有千萬」梅酒、精釀啤酒、甘酒

地址：日本新潟縣南魚沼市長森 1051 番地

創業年：大正 11 年

網址：www.hakkaisan.com

甘酒工廠可預約參觀

預約網址：

https://www.amasake.jp/factory/

糀屋本店

位於日本九州大分縣佐伯市的糀屋本店，是一家有著330年歷史基底的一家專業的製麴與發酵食品廠商，沒有日本酒等其他事業，創業當時就是以「製麴」與「發酵食品」為業；無添加、無色素、讓人感到安心，以日本國產原料所製作的商品，所有的麴的原料與商品都是手工製作的；同時，仍積極研究與開發以麴製作的產品，像是江戶時代於書中記載的「塩麴」，開始取代砂糖，自然甘味的「甘糀」，以及能夠帶出食物、料理中隱之味的高湯糀等等，都有著自己的品牌。

而糀屋本店第九代的社長淺利妙峰，為了推廣麴料理，積極地在日本各地奔走，舉辦講座和烹飪講習班的同時，也出版了許多關於麴料理的食譜書籍，此外，也在海外主要城市舉行講座以傳播麴的文化。

位。一般酒造生產甘酒／糀會是與日本酒共享生產管理的部份，包括釀造人員與設備，以及相同的管理者進行生產管理的工作，但是篠崎酒造卻有甘糀專屬的員工進行品質管理的工作，以確保甘糀專用生產線設備，目的是爲了提高甘糀的質量。近幾年，由於市場需求擴大，每年設備都需更新，堅守著不因量擴大而犧牲品質的態度，細心的關注所有的製作細節。

篠崎酒造雖然積極地開發與研究「麴」，但目前比發酵食品更活躍於日本酒、燒酎等「飲料領域」，「做別人不能做的事」的企業精神貫穿在實際事業展開而發展出各種各樣的「新穎商品」，其中具有代表性的例子是在橡木桶中長期熟成的利口酒「朝倉」（Asakura），在木桶中熟成相當長的時間的大麥燒酎變成琥珀色澤並且散發出醇美的香氣。但是由於目前的日本法令，對於燒酎酒液色澤的吸光度有所限制，因此必

須調整色澤達到要求，在一般的思維下應該會如此進行；但是篠崎酒造並沒有改變產品的設計，去更動他們想面向消費者傳達的產品吸引力，而選擇將產品改換到利口酒的類別，我認為這就是篠崎酒造獨特的「職人製造」的精神與想法。

最後，可以說篠崎酒造的目標是以「麴」創造出一種全新的商品，在未來，可以植基於日本酒的技術去嘗試任何新的挑戰，而不是以現有的產品去填充發酵食品這個類別，或者像是「甘糀的菓子工廠的工業用的展開」以及「以麴加工的地區肉品」等新市場，也會是篠崎流的「職人製造」會產生的想法吧。

INFO

篠崎酒造

產品：日本酒、燒酎、甘酒、
　　　利口酒
地址：日本國福岡縣朝倉市比
　　　良松 185 番地
創業年：18 世紀末到 19 世紀，
　　　　大正 4 年成立篠崎商
　　　　店、平成 4 年改組為
　　　　篠崎株式會社
觀光商店：千之藏
網址：
http://www.shinozaki-shochu.co.jp/

1 甘糀飲料與甜點的應用 ☕

　　甘糀以米、米麴與水做為原料，甜味是來自米中
的澱粉經米麴轉化產生的天然葡萄糖與Oligo糖等，
人體好吸收，自然甘味相當柔順。添加到飲料裡，可
以替代砂糖增加甜味之外，發酵的作用也讓飲料變得
順口且易飲。

　　甘糀飲料的基本調配以加入無糖豆漿、牛奶或是
新近相當熱門的汽泡水都很合適，加入果汁也是很好
的嘗試，比例依照每個人喜歡飲用的甜度不同可以自
己添加。

　　大家對於甘糀的印象應該是冬天溫熱飲用的甜
味飲料，喝下去身體瞬間溫暖起來；但在日本江戶時
期，甘糀是夏令飲料，繪本裡也常見甘糀小攤在街巷
間穿梭著，幕府認定甘糀具有抗暑解熱的效果。因此
甘糀的食用時間是四季皆宜，夏天排熱解暑、冬天溫
熱祛寒是很好的保健飲料。

飲料甜點設計、製作：拾糀團隊

甘糀冷飲

[製作方式]

加冰塊。

如果不想太冰，將甘糀冷藏之後加
上些許冰水。

甘糀溫飲

[製作方式]

隔水加熱。將甘糀裝在容器中，外圍
以熱水將之溫熱即可。

 Tips 加些薑泥，更能促進血液
循環與新陳代謝。

應用篇 ❸

甘糀 & 無糖豆漿

熱量	蛋白質	脂肪	醣類	膳食纖維
139.9kcal	7.1g	4.9g	21.5g	2g

[材料] 1人份

甘糀.................. 80ml

無糖豆漿.......... 160ml

✓ 疲勞恢復

✓ 美顏美容、美肌

✓ 促進新陳代謝、減重

✓ 腸內環境改善

[製作方式]

加入甘糀與無糖豆漿，涼飲請二者均冷
藏後備用，取出後混合即可；溫飲則先
將無糖豆漿溫熱之後，再加入甘糀混合
即可。

甘糀&牛奶

熱量	蛋白質	脂肪	醣類
243.5kcal	6.3g	7.1g	42.1g

[材料] 1人份

甘糀.................. 80ml

牛奶.................160ml

✓ 疲勞恢復

✓ 美顏美容、美肌

✓ 促進新陳代謝、減重

✓ 腸內環境改善

✓ 放鬆精神、改善失眠

✓ 提升免疫力

[製作方式]

加入甘糀與牛奶，涼飲請二者均冷藏後
備用，取出後混合即可；溫飲則先將牛
奶溫熱之後，再加入甘糀混合即可。

 Tips　請依照各人喜歡的甜度增
減甘糀的比例！

應用篇

甘糀&汽泡水

熱量	蛋白質	脂肪	醣類
88kcal	1.3g	1.8g	20.3g

[材料] 1人份

甘糀................100ml
汽泡水.............160ml

[製作方式]

加入甘糀與汽泡水，涼飲請二者均冷藏後備用
（可以加入冰塊），取出後先倒入甘糀，再注
入汽泡水，飲用前請混合攪拌即可。

甘糀飲料的 *Points*

1 冰飲、溫飲皆適宜。
2 為保留營養素，溫熱甘糀請以隔水加熱的方式，以保留營養素。
3 混調比例以甘糀 1：3 無糖豆漿／牛奶為宜。甘糀比例依個人喜好調整。

✓ 美顏美容、美肌
✓ 促進新陳代謝、
　減重
✓ 腸內環境改善

甘糀冷飲

藍莓甘糀

熱量	蛋白質	脂肪	醣類	膳食纖維
153.6kcal	1.8g	1.9g	33.8g	1.1g

[材料] 1人份

藍莓.................................40g
蔓越莓汁........................ 100ml
甘糀.............................. 80ml
冰塊.................................適量

✓疲勞恢復
✓美顏美容、美肌
✓促進新陳代謝、減重
✓腸內環境改善
✓提升免疫力

[製作方式]

1 將新鮮藍莓洗淨，放入果汁機中。

2 再倒入蔓越梅汁、依照喜愛加入冰塊
至果汁機，攪拌均勻。

3 將冷藏後的甘糀倒入杯中，再將混合
好的果汁倒入，並攪拌均勻即可。

應
用
篇
❸

草莓甘糀

熱量	蛋白質	脂肪	醣類	膳食纖維
176.1kcal	5g	5.5g	31.7g	1.2g

[材料] 1人份

草莓.................................70g
牛奶.............................. 100ml
甘糀.............................. 80ml
冰塊.................................適量

✓疲勞恢復
✓美顏美容、美肌
✓促進新陳代謝、減重
✓腸內環境改善
✓放鬆精神、改善失眠
✓提升免疫力

[製作方式]

1 將草莓洗淨去蒂頭放入果汁機中。

2 倒入牛奶，依照喜愛加入冰塊至果汁
機，攪拌均勻。

3 甘糀倒入杯中，再將混合好的草莓牛
奶倒入，攪拌均勻即可。

酪梨豆漿甘糀

[**材料**] 1人份

酪梨..................................80g

無糖豆漿........................100ml

甘糀..............................100ml

冰塊..............................適量

✓ 美顏美容、美肌

✓ 腸內環境改善

✓ 提升免疫力

熱量	蛋白質	脂肪	醣類	膳食纖維
195.6kcal	6.5g	8g	32.2g	3.1g

[**製作方式**]

1 將酪梨洗淨去籽，用湯匙將果肉挖出放入果汁機中。

2 再倒入豆漿，依照喜愛加入冰塊至果汁機，攪拌均勻。

3 甘糀倒入杯中，再將混合好的酪梨豆漿倒入，攪拌均勻即可。

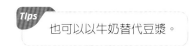

Tips 也可以以牛奶替代豆漿。

火龍果香蕉甘糀

[**材料**] 1人份

紅火龍果........................50g

香蕉..............................50g

牛奶..............................100ml

甘糀..............................100ml

冰塊..............................適量

✓ 疲勞恢復

✓ 美顏美容、美肌

✓ 腸內環境改善

✓ 放鬆精神、改善失眠

熱量	蛋白質	脂肪	醣類	膳食纖維
238.2kcal	5.9g	5.9g	47.4g	1.4g

[**製作方式**]

1 將紅肉火龍果、香蕉切小塊，放入果汁機中。

2 再倒入牛奶，依照喜愛加入冰塊至果汁機，攪拌均勻。

3 甘糀倒入杯中，再將混合好的果汁牛奶倒入，攪拌均勻即可。

① 柳橙木瓜甘糀

熱量	蛋白質	脂肪	醣類	膳食纖維
159.2kcal	2.5g	2.1g	39.6g	3.1g

[材料] 1人份

木瓜...80g

柳橙汁.....................................100ml

甘糀...80ml

冰塊...適量

✓疲勞恢復

✓美顏美容、美肌

✓促進新陳代謝、減重

✓腸內環境改善

✓放鬆精神、改善失眠

[製作方式]

1 將木瓜去籽切塊與柳橙汁一起放入果汁機中。

2 依照喜愛加入冰塊至果汁機攪拌均勻。

3 甘糀倒入杯中，再將混合好的果汁倒入，攪拌均勻即可。

② 番茄豆漿甘糀

熱量	蛋白質	脂肪	醣類	膳食纖維
144.3kcal	5.7g	3.9g	26.9g	1.3g

[材料] 1人份

聖女小番茄.............................80g

無糖豆漿.................................80ml

甘糀...80ml

冰塊...適量

✓疲勞恢復

✓美顏美容、美肌

✓促進新陳代謝、減重

✓腸內環境改善

✓放鬆精神、改善失眠

✓提升免疫力

[製作方式]

1 將新鮮小番茄洗淨，放入果汁機中。

2 再倒入豆漿，依照喜愛加入冰塊至果汁機，攪拌均勻。

3 甘糀倒入杯中，再將混合好的小番茄豆漿倒入，攪拌均勻即可。

Tips 也可以以牛奶替代豆漿。

鳳梨椰奶甘糀

熱量	蛋白質	脂肪	醣類	膳食纖維
263.8kcal	3.9g	15.2g	33.6g	1g

[材料] 1人份

鳳梨.............................80g

牛奶.............................50ml

椰漿.............................50ml

甘糀.............................80ml

冰塊.............................適量

[製作方式]

1 將鳳梨去皮、芯,果肉切塊與牛奶、椰漿一起放入果汁機中。

2 依照喜愛加入冰塊至果汁機,攪拌均勻。

3 甘糀倒入杯中,再將混合好的果汁倒入,攪拌均勻即可。

✓ 疲勞恢復

✓ 美顏美容、美肌

✓ 腸內環境改善

✓ 放鬆精神、改善失眠

甘糀冷飲

奇亞籽甘糀

熱量	蛋白質	脂肪	醣類
125.7 kcal	2.3g	3.2g	27.1g

[材料] 1人份

奇亞籽.....................................3g

飲用水...............................100ml

檸檬汁.................................10ml

甘糀...................................100ml

冰塊.....................................適量

[製作方式]

1 將奇亞籽浸泡於飲用水中5~10分鐘。

2 甘糀、檸檬汁與浸泡好的奇亞籽混合
均勻即可。

3 冰塊依個人喜好加入即可。

✓ 疲勞恢復

✓ 美顏美容、美肌

✓ 促進新陳代謝、減重

✓ 腸內環境改善

✓ 疲勞恢復
✓ 美顏美容、美肌
✓ 促進新陳代謝、減重
✓ 腸內環境改善
✓ 放鬆精神、改善失眠
✓ 提升免疫力

甘糀冷飲

毛豆蔬果甘糀

熱量	蛋白質	脂肪	醣類	膳食纖維
252 kcal	11.4g	5.9g	47.3g	2.6g

[材料] 1人份

毛豆仁.............................40g

香蕉.............................50g

無糖豆漿.....................100ml

甘糀.............................120ml

冰塊.............................適量

[製作方式]

1 將毛豆洗淨，川燙後去膜冷卻與香蕉一起放入果汁機中。

2 再倒入豆漿，依照喜愛加入冰塊至果汁機，攪拌均勻。

3 甘糀倒入杯中，再與混合好的毛豆豆漿攪拌均勻即可。

大力水手甘糀

熱量	蛋白質	脂肪	醣類	膳食纖維
169.2kcal	3.5g	2.4g	40.7g	1.8g

[材料] 1人份

菠菜.............................60g

蘋果.............................50g

芹菜.............................10g

甘糀............................100ml

飲用水..........................100ml

冰塊.............................適量

✓ 疲勞恢復
✓ 美顏美容、美肌
✓ 促進新陳代謝、減重
✓ 腸內環境改善
✓ 提升免疫力

[製作方式]

1 將菠菜洗淨、川燙後冷卻與蘋果一起
   放入果汁機中。

2 倒入飲用水,依照喜愛加入冰塊至果
   汁機,攪拌均勻。

3 甘糀倒入杯中,再將混合好的蔬果汁
   倒入,攪拌均勻即可。

Tips 喜歡滑順口感與增加香甜氣息,
亦可以加入 1/4 段香蕉提味。

綜合蔬果甘糀

熱量	蛋白質	脂肪	醣類	膳食纖維
215.6kcal	3.5g	2.9g	53.1g	3.8g

[材料] 1人份

紅蘿蔔汁............................100ml

蘋果.....................................50g

鳳梨.....................................50g

甘糀....................................100ml

冰塊...................................適量

[製作方式]

1 將紅蘿蔔汁與蘋果、香蕉一起放入果汁機中。

2 依照喜愛加入冰塊至果汁機攪拌均勻。

3 甘糀倒入杯中，再將混合好的蔬果汁倒入，攪拌均勻即可。

✔ 疲勞恢復

✔ 美顏美容、美肌

✔ 腸內環境改善

✔ 提升免疫力

花生豆漿甘糀

熱量	蛋白質	脂肪	醣類	膳食纖維
301.3kcal	5.2g	4.1g	30.6g	1.3g

[材料] 1人份

花生醬................................25g

無糖豆漿............................100ml

甘糀....................................100ml

[製作方式]

1 將花生醬量好重量後放入果汁機中。

2 倒入無糖豆漿，依照喜愛加入冰塊至果汁機，攪拌均勻。

3 甘糀倒入杯中，再將混合好的花生豆漿倒入，攪拌均勻即可。

✔ 美顏美容、美肌

✔ 腸內環境改善

 Tips

亦可做成溫飲；不加冰至果汁機攪拌均勻後，將花生豆漿加熱關火放涼至60度後最後再加入甘糀攪拌即可。

鮮奶粉圓甘糀

熱量	蛋白質	脂肪	醣類	膳食纖維
334.4kcal	11.1g	17g	45g	17.4g

[材料] 1人份

粉圓.....................................30g

鮮奶.....................................150ml

鮮奶油.................................20g

甘糀.....................................80ml

✓ 美顏美容、美肌

✓ 腸內環境改善

✓ 放鬆精神、
　改善失眠

[製作方式]

1　將生粉圓倒入滾水中煮沸，關火悶5分鐘。

2　粉圓與鮮奶混合。

3　將鮮奶油用打蛋器打發成微固體狀。

4　甘糀倒入杯中，再將混合好的粉圓牛奶倒入，最後加入打發奶油即可。

Tips 生粉圓每家烹調時間略有不同。

甘糀溫飲

芋頭西米露甘糀

熱量	蛋白質	脂肪	醣類	膳食纖維
428.4kcal	5.4g	25.9g	45.5g	1.5g

[材料] 1人份

芋頭.............................50g

西米露...........................5g

椰漿...........................100ml

牛奶............................50ml

甘糀...........................100ml

✓ 美顏美容、美肌

✓ 腸內環境改善

✓ 放鬆精神、改善失眠

[製作方式]

1 芋頭去皮切塊，放入電鍋以1.5杯水蒸熟放涼備用。

2 西米露以滾水煮熟至透明狀，放涼備用。

3 將芋頭、牛奶、椰漿放入果汁機攪拌均勻，做為材料Ⓐ。

4 加熱材料Ⓐ，放入西米露煮滾，材料Ⓑ。

5 材料Ⓑ略降溫到60度以下，最後加入甘糀拌勻即可。

> **Tips** 此料理亦可以冷飲方式飲用，完成後，再置入冰箱放涼即可。

南瓜堅果仁甘糀

熱量	蛋白質	脂肪	醣類	膳食纖維
265.1kcal	5.9g	5.9g	48.9g	1.8g

[材料] 1人份

南瓜.............................70g

牛奶...........................100ml

綜合堅果.........................10g

甘糀...........................100ml

✓ 疲勞恢復

✓ 美顏美容、美肌

✓ 腸內環境改善

✓ 放鬆精神、改善失眠

✓ 提升免疫力

[製作方式]

1 南瓜去皮切塊，放入電鍋以1.5杯水蒸熟放涼備用。

2 將南瓜、牛奶、堅果放入果汁機攪拌均勻，成為材料Ⓐ。

3 加熱材料Ⓐ，再略降溫到60度以下，加入甘糀即可。

> **Tips**
> 1 堅果打碎需要較長時間，以果汁機攪拌時請注意。
> 2 此料理亦可以冷飲方式飲用，完成後，再置入冰箱放涼即可。

芝麻核桃甘糀

熱量	蛋白質	脂肪	醣類	膳食纖維
338.4kcal	8.4g	19.2g	34.2g	3.3g

[材料] 1人份

芝麻醬.............................30g

無糖豆漿.......................100ml

甘糀.............................100ml

✓ 美顏美容、美肌

✓ 腸內環境改善

✓ 放鬆精神、改善失眠

[製作方式]

1 將芝麻醬與無糖豆漿攪拌均勻。

2 加熱至微滾，然後放涼到60度以下。

3 最後加入甘糀拌勻，放上核桃裝飾即可。

Tips
此料理亦可以冷飲方式飲用，完成後，再置入冰箱放涼即可。

綜合燕麥豆漿甘糀

熱量	蛋白質	脂肪	醣類	膳食纖維
180.8kcal	6.5g	5.1g	32.5g	1.7g

[材料] 1人份

燕麥片...........................10g

無糖豆漿.......................100ml

甘糀.............................100ml

✓ 美顏美容、美肌

✓ 腸內環境改善

✓ 放鬆精神、改善失眠

[製作方式]

1 將無糖豆漿加熱至80度，再加入燕麥片混和為材料Ⓐ。

2 材料Ⓐ煮至微軟並吸飽豆漿，放涼至60度以下，再倒入甘糀拌勻即可。

Tips
此料理亦可以牛奶替代無糖豆漿。

甘糀溫飲

杏仁茶甘糀

熱量	蛋白質	脂肪	醣類	膳食纖維
398.2 kcal	7.5g	22.9g	50.1g	2.9g

[材料] 1人份

杏仁漿...............................100ml

杏仁.....................................5g

甘糀...................................100ml

✓ 疲勞恢復

✓ 美顏美容、美肌

✓ 腸內環境改善

[製作方式]

1 將杏仁漿加熱至80度，放涼冷卻。

2 冷卻至60度以下，再加入甘糀拌勻，最後放上杏仁裝飾即可。

伯爵奶茶甘糀

熱量	蛋白質	脂肪	醣類
204.5kcal	6.1g	7.5g	32.7g

[材料] 1人份

伯爵茶..................................... 10g

牛奶..................................... 150ml

甘糀..................................... 80ml

✓ 疲勞恢復

✓ 美顏美容、美肌

✓ 腸內環境改善

✓ 放鬆精神、改善失眠

[製作方式]

1 將牛奶加熱放入茶葉，放涼至60度。

2 最後加入甘糀拌勻，再放上茶粉裝飾即可。

 Tips 此料理亦可以冷飲方式飲用，完成後，再置入冰箱放涼即可。

應用篇 **❸**

甘糀溫飲

薑汁湯圓甘糀

熱量	蛋白質	脂肪	醣類	膳食纖維
418.6kcal	9.1g	17.3g	61.6g	0.8g

[材料] 1人份

研磨薑末.................................8g

牛奶.................................150ml

湯圓.................................3顆

甘糀.................................100ml

[製作方式]

1　滾水後加入湯圓煮至熟透，置放一旁備用。

2　牛奶加熱到微滾，加入薑末。

3　最後加入甘糀拌勻，再放入湯圓即可。

✓ 疲勞恢復

✓ 美顏美容、美肌

✓ 腸內環境改善

甘糀點心

① ②

季節水果甘糀冰棒①

[材料] 6人份

綜合新鮮水果丁.....................60g
葡萄柚汁...........................300ml
甘糀................................350ml

✓ 疲勞恢復
✓ 美顏美容、美肌
✓ 促進新陳代謝、減重
✓ 腸內環境改善
✓ 放鬆精神、改善失眠

	熱量	蛋白質	脂肪	醣類	膳食纖維
6人份	508.5kcal	8g	8g	122g	0.5g
1人份	84.71kcal	1.3g	1.3g	20.3g	0.1g

[製作方式]

1 將葡萄柚汁加甘糀50ml，煮滾後混合新鮮水果丁。

2 倒入模型先冷凍30分鐘。

3 再將甘糀填滿冰棒模型，冷凍30分鐘即可成型。

> **Tips**
> 水果丁以當令水果與個人喜好為宜，此次使用奇異果、蘋果與鳳梨切丁。

洛神檸檬甘糀冰棒②

[材料] 6人份

洛神花............................10g
檸檬汁............................30ml
水................................300ml
甘糀..............................300ml

✓ 疲勞恢復
✓ 美顏美容、美肌
✓ 促進新陳代謝、減重
✓ 腸內環境改善

	熱量	蛋白質	脂肪	醣類	膳食纖維
6人份	373.4kcal	5.5g	6.8g	86.2g	0.2g
1人份	62.2kcal	0.9g	1.1g	14.4g	0.03g

[製作方式]

1 將洛神花加水煮沸出味，再加入檸檬汁攪拌均勻。

2 倒入模型先冷凍30分鐘。

3 再將甘糀填滿冰棒模型，冷凍30分鐘即可成型。

薑汁甘糀豆花

熱量	蛋白質	脂肪	醣類	膳食纖維
181.3kcal	7g	4.6g	32.6g	1.3g

[材料] 1人份

豆花...................................100g

無糖豆漿..........................100ml

研磨薑汁.................................5g

甘糀.................................80ml

✓ 疲勞恢復

✓ 美顏美容、美肌

✓ 促進新陳代謝、減重

✓ 腸內環境改善

✓ 提升免疫力

[製作方式]

1 豆漿加熱,加入研磨薑汁,做成材料Ⓐ。

2 將豆花放入湯碗中,倒入甘糀、材料Ⓐ,混和均勻。

> **Tips** 此料理亦可以冷飲方式飲用,豆漿冷藏後即可使用,或可加入冰塊。

甘蔗甘糀米苔目

	熱量	蛋白質	脂肪	醣類	膳食纖維
2人份	304.9kcal	2.8g	2.9g	73.7g	0.4g
1人份	152.4kcal	1.4g	1.5g	35.8g	0.2g

[材料] 2人份

新鮮甘蔗...............................50g

新鮮甘蔗汁.......................100ml

檸檬汁.................................10ml

米苔目.................................80g

甘糀.................................100ml

冰塊.................................適量

✓ 疲勞恢復

✓ 美顏美容、美肌

✓ 腸內環境改善

[製作方式]

1 將米苔目川燙後泡冰水瀝乾備用。

2 甘蔗汁、檸檬汁、甘糀混合均勻,做成材料Ⓐ。

3 將米苔目盛入碗中,倒入材料Ⓐ,再將甘蔗擺入碗中。

4 加入適量冰塊即可。

燕麥優格左水果甘糀醬

	熱量	蛋白質	脂肪	醣類	膳食纖維
2人份	316kcal	9g	8.2g	54.2g	0.4g
1人份	158kcal	4.5g	4.1g	27.1g	0.2g

[材料] 2人份

綜合新鮮水果丁 60g

綜合燕麥 40g

鮮奶優格 100g

甘糀 50g

✓ 疲勞恢復

✓ 美顏美容、美肌

✓ 腸內環境改善

[製作方式]

1 將綜合新鮮水果丁拌入甘糀，浸漬15分鐘備用為材料Ⓐ。

2 優格盛入碗中，放入燕麥與材料Ⓐ即可。

 Tips 水果丁以當令水果與個人喜好為宜，此次使用鳳梨、蕃茄、蘋果、藍莓。

甘糀雞蛋布丁

	熱量	蛋白質	脂肪	醣類
8人份	1575.9kcal	31.4g	141.9g	67.9g
1人份	196.9kcal	3.9g	17.7g	8.5g

[材料] 8人份

雞蛋 1個

甘糀 200ml

蛋黃 3顆

鮮奶 300g

水 15ml

鮮奶油 280g

✓ 疲勞恢復

✓ 美顏美容、美肌

✓ 腸內環境改善

✓ 放鬆精神、改善失眠

[製作方式]

1 將水、甘糀100ml混合，煮至略稠，平均分在8個布丁模冷卻。

2 其他材料倒入鋼盆，攪拌混合均勻，過濾，倒入布丁模中。

3 烤箱150度，烤40分鐘，取出放涼冷卻。

4 放置一天後，開模取出布丁即可。

水果甘糀果凍

	熱量	蛋白質	脂肪	醣類	膳食纖維
8人份	637kcal	26.1g	11g	129.6g	0.5g
1人份	79.6kcal	3.26g	1.4g	16.2g	0.06g

[**材料**] 8人份

吉利丁粉.. 20g

當季水果丁... 120g

飲用水.. 1000ml

甘糀.. 500ml

[**製作方式**]

1 甘糀100ml與吉利丁粉15g先混合均匀備用為材料Ⓐ。

2 飲用水混合材料Ⓐ，加熱攪拌均匀成材料Ⓑ。

3 將材料Ⓑ放入模型內約莫1公分高，靜置五分鐘冷卻。

4 放入水果丁擺放平均，再倒入材料Ⓑ，放入冰箱冷卻至凝固。

5 甘糀400ml混合吉利丁粉5g，加熱至60度使其溶解製成材料Ⓒ。

6 將材料Ⓒ倒在成型的果凍最上層，再放入冰箱凝固即可。

✔ 美顏美容、美肌

✔ 腸內環境改善

Tips
水果丁以當令水果與個人喜好為宜，此次使用鳳梨、藍莓切丁。

應用篇 ❸

125

甘糀起司蛋糕

	熱量	蛋白質	脂肪	醣類	膳食纖維
8人份	1803.6kcal	93.3g	116.1g	106.4g	5.9g
1人份	225.4kcal	11.7g	14.5g	13.3g	0.7g

[材料] 8人份

奶油乳酪... 300g

無鹽奶油... 50ml

甘糀... 150ml

消化餅... 100g

糖漬藍莓... 40g

吉利丁片... 6g

應
用
篇
❸

[製作方式]

1 以隔水加熱方式將奶油乳酪融化，拌入甘糀50ml，將雞蛋攪拌均勻製成材料Ⓐ。

2 吉利丁片泡水變軟放入材料Ⓐ後攪拌均勻備用成為材料Ⓑ。

3 消化餅壓碎拌入融化的無鹽奶油，放入蛋糕模壓緊。

4 取出材料Ⓑ的1/3拌入糖漬藍莓，混合均勻後，倒入模型中進行藍莓層冷卻。

5 待藍莓冷卻後，再將剩下的材料Ⓐ倒入模中。

6 冷卻一個晚上後，開模取出蛋糕即可。

✓ 美顏美容、美肌

✓ 腸內環境改善

✓ 放鬆精神、
　改善失眠

2 甘糀料理的應用

甘糀，在發酵的過程之中由於米麴的作用產生自然的甘甜風味以及高達350種以上的營養素，適合做為沾醬、飲料或是溫飲飲用，溫飲為了避免高溫導致營養素流失，例如甜點類的紅豆湯等或是湯圓，可以在烹調之後再視個人的喜歡添加甘糀，增加甜味；但是做為烹調，難以避免高溫，就可以將甘糀視為是砂糖的替代，做為料理中的甜味劑使用，以自然的甘甜味替代砂糖仍然相對健康許多。

此外，在處理肉料理時最怕加熱後肉質變柴了甘糀由於是發酵性的食材，在處理肉料理時，像是雞肉、魚肉、豬肉與牛肉等等時，可以先將肉類以甘糀與其調味料醃漬，不但可以分解酵素、蛋白質而讓肉質軟化，而且甘糀自帶甜味，就可以軟化肉質變得滑順，也可以增加風味讓料理更好吃。

甘糀料理的 *Points*

1 做為砂糖的替代品。不再使用砂糖。
2 做為沾醬與沙拉醬等醬料搭配料理食用，可以保持甘糀的營養素。
3 加熱不超過60度可保留甘糀健康，以熱甜點食用可以煮後加入。

料理設計、示範：謝宜芳 營養師

甘糀味噌鮭魚湯

	熱量	蛋白質	脂肪	醣類
2人份	325.3kcal	29.2g	8.5g	36.5g
1人份	162.6kcal	14.6g	4.3g	18.3g

[**材料**] 2人份

甘糀..............................4大匙

白蘿蔔..........................100g

洋蔥絲..........................100g

鮭魚..............................100g

味噌..............................1.5大匙

蔥花..............................適量

[**製作方式**]

1 白蘿蔔及洋蔥絲切薄片備用。

2 鍋中放2碗水加白蘿蔔、洋蔥絲至熟透，加入鮭魚煮熟後，再加入味噌、甘糀煮滾，最後灑上蔥花即可。

✔ 疲勞恢復

✔ 美顏美容、美肌

✔ 促進新陳代謝、減重

✔ 腸內環境改善

甘糀番茄蛋花湯

熱量	蛋白質	脂肪	醣類	膳食纖維
257.5kcal	17.2g	12.2g	24.4g	1.2g

[材料] 2人份

甘糀...4大匙

蔥花..適量

番茄.............................250g（約2顆）

雞蛋..2顆

水..350ml

┌ 鮮味調味料................................適量

Ⓐ 酒...1大匙

└ 醬油..少許

[製作方式]

1 番茄切塊，雞蛋打散備用。

2 鍋中放少許麻油，等鍋熱後加入番茄塊，炒至番茄熟糊狀，加水及Ⓐ調味，煮滾後加入蛋汁及甘糀，煮滾後撒上蔥花即可。

✓ 美顏美容、美肌
✓ 促進新陳代謝、減重
✓ 腸內環境改善
✓ 提升免疫力

應用篇 ❸

甘糀老薑黑麻油蛋包湯

	熱量	蛋白質	脂肪	醣類	膳食纖維
2人份	473.5kcal	18g	27.3g	48.2g	5g
1人份	236.75kcal	9g	13.65g	24.1g	2.5g

[材料] 2人份

甘糀...4大匙

老薑...6片

雞蛋...2顆

紅棗...6顆

枸杞...20g

黑麻油...1大匙

水...500cc

[製作方式]

1　紅棗、枸杞加500cc水放入電鍋,外鍋加2杯水燉煮。

2　平底鍋加黑麻油及老薑爆香,再打入加雞蛋煎至半熟,加紅棗枸杞水及甘糀煮滾即可。

✓ 疲勞恢復

✓ 美顏美容、美肌

✓ 腸內環境改善

✓ 放鬆精神、改善失眠

✓ 提升免疫力

甘糀泡菜湯

	熱量	蛋白質	脂肪	醣類	膳食纖維
4人份	724kcal	56.2g	39.1g	45.9g	8.4g
1人份	181kcal	14.1g	9.78g	11.5g	2.1g

[材料] 4人份

甘糀...4大匙

白菜泡菜（切小段）......................100g

豬里肌肉片....................................150g

韭菜（切段）....................................25g

鮮香菇絲..100g

豆腐丁...150g

蛤蠣（去沙）.................................100g

麻油..1小匙

[製作方式]

1 鍋中放入麻油，將洋蔥絲炒香。

2 再加入香菇絲、豬里肌肉、泡菜、蛤蠣炒至半熟。

3 加水煮滾後加豆腐丁、韭菜及甘糀。

4 可依個人口味加鹽或鮮味調味料。

✔ 疲勞恢復

✔ 美顏美容、美肌

✔ 腸內環境改善

✔ 放鬆精神、
改善失眠

✔ 提升免疫力

應用篇 **3**

用甘糀做蔬果沙拉淋醬

②

①

④

③

①甘糀優格芥末醬

熱量	蛋白質	脂肪	醣類	膳食纖維
269.5kcal	11.5g	9.5g	23.3g	0.8g

[材料] 2人份

甘糀...............4大匙

洋蔥末................20g

水煮蛋...............1顆

美乃滋............3大匙

顆粒芥末醬.....1小匙

鹽................1/3小匙

[製作方式]

把所有材料拌勻即可

✓疲勞恢復

✓美顏美容、美肌

✓腸內環境改善

✓提升免疫力

②甘糀油醋醬

熱量	蛋白質	脂肪	醣類
201.4kcal	1g	16.3g	16g

[材料] 2人份

甘糀................4大匙

醋...................2大匙

水...................2大匙

橄欖油...........3大匙

鹽................1/3小匙

胡椒..................少許

[製作方式]

把所有材料拌勻即可

✓美顏美容、美肌

✓促進新陳代謝、減重

③甘糀梅子醋

熱量	蛋白質	脂肪	醣類
75kcal	1.8g	1.3g	16.7g

[材料] 2人份

甘糀.............4大匙

梅子醋...........2大匙

醬油.............1大匙

[製作方式]

把所有材料拌勻即可

✓ 疲勞恢復

✓ 美顏美容、美肌

✓ 促進新陳代謝、減重

✓ 腸內環境改善

④甘糀優格醬

熱量	蛋白質	脂肪	醣類
229.2kcal	1.9g	17.3g	19.7g

[材料] 2人份

甘糀...............4大匙

無糖優格........2大匙

醋.................1大匙

橄欖油...........1大匙

鹽.................1/3小匙

胡椒.................少許

[製作方式]

把所有材料拌勻即可

✓ 美顏美容、美肌

✓ 腸內環境改善

應用篇 **3**

用甘糀做沾醬

③

②

① 甘糀醋味醬

熱量	蛋白質	脂肪	醣類	膳食纖維
130.7kcal	4.2g	2.7g	25.9g	1.4g

[材料] 2人份

甘糀.................4大匙
西京味噌..........2大匙
醋.....................1大匙

[製作方式]

把所有材料拌勻即可

✔ 促進新陳代謝、
　 減重
✔ 腸內環境改善

② 甘糀辣味噌醬

熱量	蛋白質	脂肪	醣類	膳食纖維
136.2kcal	4.4g	2.9g	26.9g	1.9g

[材料] 2人份

甘糀.................4大匙
薑泥.................1大匙
味噌.................2大匙
朝天椒泥........1/2小匙

[製作方式]

把所有材料拌勻即可

✔ 疲勞恢復
✔ 美顏美容、美肌
✔ 促進新陳代謝、
　 減重

③ 甘糀醬油

熱量	蛋白質	脂肪	醣類
89.2kcal	3.2g	1.3g	18.8g

[材料] 2人份

甘糀.................4大匙
醬油.................2大匙

[製作方式]

把所有材料拌勻即可

✔ 腸內環境改善

用甘糀做沾醬

甘糀燒肉醬

熱量	蛋白質	脂肪	醣類	膳食纖維
233.7kcal	8g	12g	29.2g	2.7g

［材料］2人份

甘糀.................4大匙

醬油.................4大匙

麻油.............0.5大匙

蒜末.................1小匙

薑末.................1小匙

辣椒末.............1小匙

芝麻粉.............1小匙

［製作方式］

把所有材料拌勻即可

✓ 疲勞恢復

✓ 腸內環境改善

✓ 放鬆精神、改善失眠

蔬菜棒佐沾醬

①

②

③

①甘糀辣豆瓣優格醬

熱量	蛋白質	脂肪	醣類	膳食纖維
110.1kcal	2.6g	2.8g	21.7g	0.8g

[材料] 2人份

甘糀................4大匙
辣豆瓣醬.........1大匙
無糖優格.........2大匙
醋....................1大匙

[製作方式]

把所有材料拌勻即可

✓ 疲勞恢復

✓ 美顏美容、美肌

✓ 腸內環境改善

②甘糀麻醬

熱量	蛋白質	脂肪	醣類
165.7kcal	4g	10.4g	17.5g

[材料] 2人份

甘糀................4大匙
芝麻醬.............1大匙

[製作方式]

把所有材料拌勻即可

✓ 疲勞恢復

✓ 腸內環境改善

✓ 放鬆精神、改善失眠

③甘糀美乃滋

熱量	蛋白質	脂肪	醣類	膳食纖維
263.8kcal	3.8g	11.3g	25.3g	1g

[材料] 2人份

甘糀................4大匙
黑芝麻.............2大匙
美乃滋.............3大匙
醬油.................1大匙

[製作方式]

把所有材料拌勻即可

✓ 美顏美容、美肌

✓ 腸內環境改善

✓ 放鬆精神、改善失眠

甘糀煮雞翅

	熱量	蛋白質	脂肪	醣類	膳食纖維
3人份	809.9kcal	42.5g	57.4g	38.3g	7.8g
1人份	269.7kcal	14.2g	19.1g	12.8g	2.6g

[**材料**] 3人份

雞翅...6隻

紅蘿蔔...1/2根

鴻喜菇.. 100g

沙拉油...2小匙

椰奶（如使用椰醬 100cc）.............300cc

甘糀...4大匙

[**製作方式**]

1 紅蘿蔔切片，鴻喜菇去尾端。

2 起油鍋，將雞翅煎至半熟，再加紅蘿蔔、鴻喜菇拌炒。

3 加椰奶煮熟後加甘糀、鹽（或高鮮調味料）煮熟即可。

Tips
如使用較濃郁的椰醬，可加2倍水稀釋。

✓ 疲勞恢復

✓ 美顏美容、美肌

✓ 腸內環境改善

✓ 放鬆精神、改善失眠

✓ 提升免疫力

應用篇 **3**

甘糀鮭魚起司燒

	熱量	蛋白質	脂肪	醣類	膳食纖維
2人份	610.6kcal	35.4g	26.5g	47.4g	4.1g
1人份	305.3kcal	17.7g	13.3g	23.7g	2.1g

[材料] 2人份

鮭魚罐頭...80g

綠花菜...100g

小番茄...5顆

Ⓐ
美乃滋...1大匙

甘糀...2小匙

鹽...少許

披薩起司絲.....................................2大匙

[製作方式]

1 綠花菜洗淨切小塊川燙後備用。

2 將鮭魚罐頭、綠花菜及小番茄加Ⓐ
料拌勻，放入烤箱烤至起司溶化，
略呈焦狀即可。

✓ 疲勞恢復

✓ 美顏美容、美肌

✓ 腸內環境改善

✓ 放鬆精神、
改善失眠

✓ 提升免疫力

甘糀紅燒豆腐

	熱量	蛋白質	脂肪	醣類	膳食纖維
3人份	589.3kcal	47.2g	38.6g	13.6g	2.7g
1人份	196.4kcal	15.7g	12.9g	4.5g	0.9g

[**材料**] 3人份

豬里肌肉...150g

油菜..100g

油豆腐..200g

麻油...1小匙

Ⓐ ┌ 甘糀...1大匙

　　├ 醬油...1大匙

　　├ 酒...1小匙

　　└ 豆瓣醬.......................................1小匙

[**製作方式**]

1　將豬里肌肉切片備用。

2　油菜洗淨、切段後，置入混水中燙熟
　　即撈出置於盤中。

3　鍋熱後加入麻油，豬里肌肉炒至半熟
　　後，再加入油豆腐拌抄至8分熟。

4　加入醬料Ⓐ拌炒略為收汁後，再置入
　　盤中，讓多的醬料為油菜佐味即可。

✓ 疲勞恢復

✓ 腸內環境改善

✓ 放鬆精神、
　改善失眠

✓ 提升免疫力

甘糀豬排燒

	熱量	蛋白質	脂肪	醣類
2人份	496.7kcal	43g	29.8g	12.1g
1人份	248.3kcal	21.5g	14.9g	6.1g

[**材料**] 2人份

豬排............................ 200g（約2片）

┌─醃肉醬：
Ⓐ　醬油.................................2大匙
└─甘糀.................................2大匙

[**製作方式**]

1　豬排先拍打去筋，加Ⓐ甘糀醃肉醬
　　醃10分鐘。

2　起油鍋將豬排煎熟即可。

✔ 疲勞恢復
✔ 美顏美容、美肌
✔ 腸內環境改善

甘糀蔥薑醬佐豬里肌肉片

	熱量	蛋白質	脂肪	醣類	膳食纖維
4人份	660.7kcal	48.2g	39.8g	27.8g	0.8g
1人份	165.2kcal	12.1g	9.8g	7g	0.2g

［材料］4人份

豬肉片 200g

─┬─ 甘糀蔥薑醬：
　│　甘糀 3大匙
　│　醬油 1大匙
Ⓐ│　麻油 1小匙
　│　薑末 1大匙
　└─ 蔥末 1大匙

［製作方式］

1　豬肉片川燙起鍋。

2　佐Ⓐ甘糀蔥薑醬食用即可。

✓ 疲勞恢復

✓ 促進新陳代謝、減重

✓ 腸內環境改善

✓ 放鬆精神、改善失眠

甘糀醋味鮮蔬

熱量	蛋白質	脂肪	醣類	膳食纖維
419kcal	1.8g	31.2g	39.9g	3.2g

[**材料**] 2人份

蘋果................................1/2顆（切薄片）

洋蔥絲................................1/2碗

西芹段................................1/2碗

┌ 甘糀醋味醬：

│ 甘糀................................3大匙

Ⓐ 橄欖油................................2大匙

│ 醋................................3大匙

└ 胡椒................................少許

[**製作方式**]

1 將蘋果切片、洋蔥切絲與西芹切段後
　置入盤中。

2 搭配Ⓐ甘糀醋味醬食用即可。

 Tips 可以搭配喜好的水果、蔬材食用，
例如：小黃瓜、胡蘿蔔等。

✓ 美顏美容、美肌

✓ 促進新陳代謝、
減重

✓ 腸內環境改善

✓ 放鬆精神、
改善失眠

甘糀鮭魚西京燒

	熱量	蛋白質	脂肪	醣類
2人份	504.5kcal	74.8g	20.3g	0.6g
1人份	252.3kcal	37.4g	10.2g	0.3g

[**材料**] 2人份

鮭魚...2塊

    ┌─醃鮭魚醬料：

    │   西京味噌.........................100g

Ⓐ 甘糀...............................50cc

    │   味醂...............................50cc

    └─起司.............................1片

[**製作方式**]

1 將鮭魚放在平盤上，加Ⓐ醃鮭魚醬料
抹勻後放入冰箱冷藏一天。

2 醃好的鮭魚中間切開，夾入半片乳酪
片，再放入平底鍋煎熟即可。

✔ 疲勞恢復

✔ 美顏美容、美肌

✔ 提升免疫力

應
用
篇
❸

甘糀煮雞腿肉

	熱量	蛋白質	脂肪	醣類	膳食纖維
2人份	809.1kcal	35.3g	40.9g	89g	3.6g
1人份	404.6kcal	17.7g	20.5g	44.5g	1.8g

[材料] 2人份

雞腿肉... 200g

白蘿蔔... 300g

甘糀... 300cc

鹽... 少許

白胡椒粉或黑胡椒粒..................... 適量

薑片... 3-5片

[製作方式]

1　先將雞腿肉切小塊加鹽和1大匙甘糀
　　醃一下，白蘿蔔去皮切小塊。

2　鍋中放入甘糀後將雞肉、白蘿蔔、薑
　　片一起小火燉煮至熟。

3　起鍋前加入白胡椒粉或黑胡椒粒即
　　可。

✓ 疲勞恢復

✓ 美顏美容、美肌

✓ 腸內環境改善

✓ 放鬆精神、
　改善失眠

✓ 提升免疫力

日日健康 低卡甘糀

用日本傳統天然發酵米麴甘糀完全取代糖，輕鬆享瘦美味新生活

作　　　者	吳惠萍、謝宜芳	法律顧問	浩宇法律事務所
資深主編	洪季楨	總 經 銷	大和圖書有限公司
封面設計	王一如	電　　話	02-8990-2588(代表號)
		傳　　真	02-2290-1658
發 行 人	許彩雪		
總 編 輯	林志恆	製版印刷	龍岡數位文化股份有限公司
行銷企劃	黃怡婷	初版一刷	2019年10月
出　　版	常常生活文創股份有限公司	定　　價	新台幣399元
地　　址	台北市106大安區信義路2段130號	I S B N	978-986-98096-1-0

讀者服務專線　02-2325-2332
讀者服務傳真　02-2325-2252
讀者服務信箱　goodfood@taster.com.tw
讀者服務專頁　https://www.goodfoodlife.com.tw/

版權所有‧翻印必究

（缺頁或破損請寄回更換）

Printed In Taiwan

國家圖書館出版品預行編目(CIP)資料

日日健康 低卡甘糀：用日本傳統天然發
酵米麴甘糀完全取代糖，輕鬆享瘦美味
新生活 / 吳惠萍，謝宜芳作. -- 初版. --
臺北市：常常生活文創，2019.10

　面；　公分

ISBN 978-986-98096-1-0(平裝)

1.調味品　2.食譜
427.61　　　　　　　　　　108016072

FB｜常常好食　　　網站｜食醫行市集